公差配合与测量技术

主　编　王　英
副主编　唐文钢
主　审　赵　勇

重庆大学出版社

内容提要

本书将极限配合和计量内容有机地结合在一起,共有5个项目,内容包括测量技术、零件尺寸公差配合及检测、零件形状公差和位置公差及检测、表面粗糙度、零件特殊表面的公差及检测。本书作为机械类、机电类专业的专业基础课程,为学生学习后续课程奠定基础。本书在内容上突出了循序渐进、由易到难,体现"以必需、够用为度"的原则,采用了最新的国家标准,并借鉴国外先进的职业教育理念,采用项目教学、任务驱动编写方式,结合目前中职学生的个性特点,突出技能培养,从而提高教育教学水平和技能水平。

本书可作为机械相关从业人员及在校学生用书,也可作为相关工程技术人员的自学参考用书,还可作为相关专业成人教育或培训班的教学用书。

图书在版编目(CIP)数据

公差配合与测量技术/王英主编.—重庆:重庆大学出版社,2014.3(2021.1重印)

中等职业教育机械加工技术专业系列教材

ISBN 978-7-5624-7989-5

Ⅰ.①公… Ⅱ.①王… Ⅲ.①公差—配合—中等专业学校—教材②技术测量—中等专业学校—教材 Ⅳ.①TG801

中国版本图书馆CIP数据核字(2014)第022720号

公差配合与测量技术

主 编 王 英

副主编 唐文钢

主 审 赵 勇

策划编辑:周 立

责任编辑:李定群 高鸿宽 版式设计:周 立

责任校对:陈 力 责任印制:张 策

*

重庆大学出版社出版发行

出版人:饶帮华

社址:重庆市沙坪坝区大学城西路21号

邮编:401331

电话:(023) 88617190 88617185(中小学)

传真:(023) 88617186 88617166

网址:http://www.cqup.com.cn

邮箱:fxk@cqup.com.cn (营销中心)

全国新华书店经销

POD:重庆新生代彩印技术有限公司

*

开本:787mm×1092mm 1/16 印张:9.5 字数:237千

2014年3月第1版 2021年1月第3次印刷

ISBN 978-7-5624-7989-5 定价:32.00元

前 言

为贯彻国务院《关于大力发展职业教育的决定》精神，落实文件中提出的中等职业学校实行“工学结合、校企结合”的新教学模式，满足中等职业学校、技工学校和职业高中技能型人才培养的要求，更好地适应企业的需要，我们组织了部分富有教学经验的教师编写了《公差配合与测量技术》一书。本教材编写贯彻了“以学生为根本，以就业为导向，以标准为尺度、以技能为核心”的理念，以及“实用、够用、好用”的原则，本教材具有以下特色：

1.在内容体系上，从培养目标出发，以机械职业岗位能力需要为基点，并参考有关部委颁发工人技术等级标准和职业能力鉴定规范，打破传统学科界限，力图将有关知识进行有机整合。

2.在内容的选择上，贴近职业实践、贴近生产实际。降低教学的起点和难点，拓宽知识面，减少理论推导，删除不必要的理论，突出实用性。

3.努力贯彻国家关于职业资格证书与学历证书并重、职业资格证书制度与国家就业制度相衔接的政策精神，力求使教材内容涵盖有关国家职业标准（中级）的知识和技能要求。

4.教材编写模式方面采用了项目教学法，编排的结构是项目—任务（问题引入—知识点）—实训—学习评价表—实践与训练。在知识点的编写过程中，尽可能使用图片、实物照片或表格等形式，将各个知识点生动地展示出来，力求给学生营造一个更加直观的认知环境。

5.贯彻了“实用、够用、好用”的原则，突出“实用”，满足“够用”，一切为了“好用”。每一个项目后面都有一个学习评价表，可检测学生对知识点的掌握程度。

各项目教学课时数建议如下：

项目	内　容	学时数
项目 1	测量技术	10
项目 2	零件尺寸公差配合及检测	12
项目 3	零件形状公差和位置公差及检测	12
项目 4	表面粗糙度	10
项目 5	零件特殊表面的公差及检测	8
合　计		52

本书共分为 5 部分，内容包括测量技术、零件尺寸公差配合及检测、零件形状公差和位

置公差及检测、表面粗糙度、零件特殊表面的公差及检测。

本书编写成员有钟建平(项目1),赖明燕(项目2),尹琛(项目3),王英、唐文钢(项目4),王英、何梅(项目5)。

由于编写时间仓促,水平有限,本书还存在很多不足,恳请行业人士和读者批评指正。

编　者

2014年1月

目　录

项目 1

测量技术

●项目概述

本项目主要研究零件几何量的测量和检验方面的知识。本项目讲解了测量基础知识,测量误差的概念及来源,各种常用量具的介绍及识读方法。要求学生掌握简单量具的识读方法及普通零件的检测。

●项目内容

测量基础、测量误差、常用量具、零件检测。

●项目目标

了解技术测量的基本概念、计量器具的分类及其性能指标。理解测量长度尺寸的常用计量器具如量块、游标卡尺、千分尺等的测量原理,掌握其测量方法。理解测量角度的常用计量器具,如万能角度尺的测量原理,掌握其测量方法。典型轴类零件的检测掌握。掌握渐开线圆柱齿轮加工误差的检测。

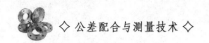

任务 1.1　测量基础

●任务要求

1.理解技术测量的基本概念。

2.理解计量器具的分类、基本度量指标及测量方法的分类。

●任务实施

1.1.1　技术测量的基本概念

在机械制造业中,要实现零部件的互换性,除了合理地规定公差,还需要在加工的过程中进行正确的测量,机器零件经过加工后是否合格,这就需要通过测量才能判定。通过测量,如果符合图样上的技术要求,则为合格;否则为不合格。那什么是测量呢?

测量是将被测的几何量与具有计量单位的标准量进行比较的实验过程。它包括以下四要素:

①测量对象(长度、角度、表面粗糙度等)。

②计量单位[米(m)、毫米(mm)、微米(μm)]。

③测量方法(计量器具和测量条件的综合)。

④测量精度(是指测量结果与真值的符合程度)。

1.1.2　计量器具的分类

计量器具是量具和计量仪器的总称。按结构特点,可分为以下 4 类:

(1)量具

量具是以固定形式复现量值的计量器具,结构比较简单,没有传动放大系统。常用的量具有量块、游标卡尺、千分尺、百分表和万能角度尺等。

(2)量规

量规是没有刻度的专用计量器具,用于检验零件要素的尺寸、形状及位置的实际情况所形成的综合结果是否在规定的范围内,从而判断零件被测几何量是否合格。常用的量规有光滑极限量规和螺纹量规等。

(3)量仪

量仪是能将被测几何量的量值转换成可直接观察的指示值或等效信息的计量器具。常用的量仪有指示表和立式光学计等。

(4)计量装置

计量装置是为确定被测几何量值所必需的计量器具和辅助设备的总称。

1.1.3 计量器具的基本度量指标

计量器具的度量指标是用来说明计量器具的性能和功用的。它是选择和使用计量器具、研究和判别测量方法的主要依据。基本度量指标主要有以下7项:

(1)刻度间距

刻度间距又称刻线间距,是指计量器具的刻度尺或刻度盘上相邻两刻线中心之间的距离。

(2)示值误差

示值误差是指计量器具的指示值与被测尺寸真值之差。它由仪器设计原理误差、分度误差和传动机构的失真等因素产生。

(3)分度值

分度值又称刻度值或读数值,是指在测量器具的标尺或刻度盘上每一刻度间距所代表的量值。

(4)校正值

为了消除示值误差所引起的测量误差,在测量结果中所加的与示值误差大小相等符号相反的一个修正值。

(5)示值稳定性

示值稳定性是指在工作条件一定的情况下,对同一参数进行多次测量所得示值的最大变化范围。

(6) 测量力

测量力是指测量过程中测头与被测表面的接触力。

(7) 计量器具的不确定度

计量器具的不确定度是指由计量器具内在误差引起的对测量结果不能肯定的误差范围。

1.1.4 测量方法的分类

①根据所测的几何量是否为要求被测的几何量,测量方法可作以下分类:

a.直接测量。是指直接用量具或量仪测量零件被测几何量值的方法。例如,用外径千分尺直接测量轴的直径。

b.间接测量。是指测量与被测量间有一定函数关系的其他量,再通过计算获得被测量值的方法。例如,用游标卡尺测量两孔的中心距。

为减少测量误差,一般都采用直接测量,必要时才采用间接测量。

②根据被测量值是直接由计量器具的计数装置获得,或是通过对某个标准值的偏差值计算得到,测量方法可作以下分类:

a.绝对测量。是指被测的量可以直接从计量器具的读数装置上读出数值。例如,用游标卡尺测量孔的深度、千分尺测量零件的直径。

b.相对测量。又称比较测量或微差测量,是指将被测量与同它只有微小差别的已知同种量相比较,通过测量这两个量值间的差值以确定被测量值。通常,相对测量的精度较高。

③根据零件上同时被测几何量的多少,测量方法可作以下分类:

a.单项测量。是指单个的、彼此没有联系的测量零件的单个几何量的方法。例如,用工具显微镜分别测量螺纹单一中径、螺距和牙侧角单项测量,分别判断它们是否合格,便于分析误差产生的原因。

b.综合测量。是指同时测量零件的几个相关参数,例如,用完整牙型的螺纹量规检验螺纹轮廓是否合格。综合测量的效率高,一般属于检验。

学习评价表

考核项目	考核要求	分值	得分
1.测量包括哪几个要素	答对 1 个得 5 分	20 分	
2.计量器具分为哪几类	答对 1 个得 5 分	20 分	
3.计量器具包括哪几个度量指标	答对 1 个得 5 分	35 分	
4.测量方法分为哪几类	答对 1 个得 4 分	25 分	
总　计			

任务 1.2　测量误差

●任务要求

1.理解测量误差的概念及产生原因。

2.理解测量精度的概念及测量误差的评定指标。

●任务实施

1.2.1 测量误差的概念

任何测量过程中,由于计量器具和测量条件的限制等因素的影响,使测量总是存在误差,这种测量结果与真值之间的差值称为测量误差。

1.2.2 测量误差的来源

测量误差产生的原因来源于主观和客观因素,主要有以下4种:

①人员误差。由测量人员主观因素和操作技术水平所引起的误差。

②环境误差。测量时,实际环境不符合标准状态而引起的测量误差。

③方法误差。测量方法不完善所引起的误差。

④计量器具误差。由计量器具本身在设计、制造、装配和使用调整上的不准确而引起的误差。

1.2.3 测量精度的概念

测量精度是指测量结果与真值的一致程度。测量结果有效值的准确性是由测量精度确定的。精度和误差是两个相对的概念,误差大,精度低;误差小,精度高。由于测量总是存在测量误差,因此,任何测量结果都只能是测量对象真值的近似值。

1.2.4 测量误差的评定指标

绝对误差 δ 是测量结果(x)与被测量真值(x_0)之差,即

$$\delta = x - x_0$$

因测量结果可能大于或小于真值,故 δ 可能为正值,也可能为负值。绝对误差的大小可以评定同一尺寸的不同测量的精确度。δ 越小,测量结果越接近真值,其测量的精确越高;反之,测量的精确度越低。

相对误差 f 是测量的绝对误差与被测量真值之比,即

$$f = \frac{\delta}{x_0}$$

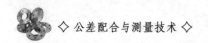

由于被测量的真值不可知,故实际中以被测量测得的值代替其真值,即

$$f=\frac{\delta}{x}$$

学习评价表

考核项目	考核要求	配分	得分
1.测量误差的概念	答对得 20 分	20 分	
2.测量误差的来源	答对 1 个得 5 分	20 分	
3.测量精度的概念,它和误差有什么联系	答对 1 个得 15 分	30 分	
4.测量误差有哪几个评定指标	答对 1 个得 15 分	30 分	
总　计			

任务 1.3　常用量具

●**任务要求**

1.熟悉量块、游标卡尺、千分尺、百分表、角度尺的结构、种类、使用方法。

2.掌握其读数方法,能合理选择计量器具。

●**任务实施**

常用测量长度尺寸的计量器具有钢直尺、游标卡尺、千分尺、量块等。

1.3.1　钢直尺

钢直尺主要用来测量工件的长度、宽度等,如图 1.1 所示。

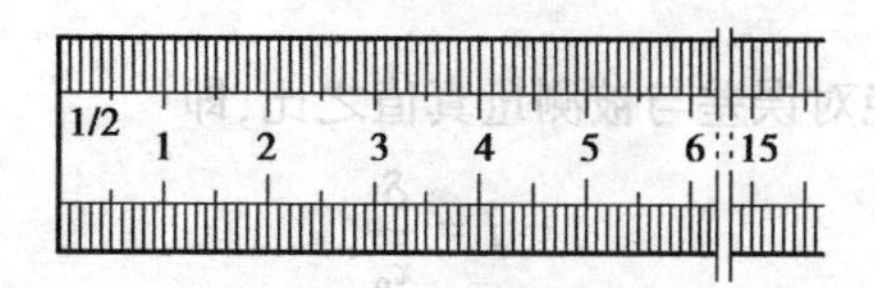

图 1.1　钢直尺

1.3.2 量块

量块是没有刻度的比较测量工具。可以用不同尺寸的量块组合成所需要的各种尺寸,与测量要素进行比较,从而得出被测要素的具体数值与合格性。

在实际生产中,量块是成套使用的,每套量块由一定数量不同尺寸的量块组成。使用时,可根据需要组合成不同的尺寸。常用成套量块的级别、尺寸、块数,见表1.1。

表1.1 成套量块尺寸表

<table>
<tr><th>套别</th><th>总块数</th><th>级别</th><th>尺寸系列/mm</th><th>间隔/mm</th><th>块数</th></tr>
<tr><td rowspan="7">1</td><td rowspan="7">91</td><td rowspan="7">0,1</td><td>0.5</td><td></td><td>1</td></tr>
<tr><td>1</td><td></td><td>1</td></tr>
<tr><td>1.001,1.002,…,1.009</td><td>0.001</td><td>9</td></tr>
<tr><td>1.01,1.02,…,1.49</td><td>0.01</td><td>49</td></tr>
<tr><td>1.5,1.6,…,1.9</td><td>0.1</td><td>5</td></tr>
<tr><td>2.0,2.5,…,9.5</td><td>0.5</td><td>16</td></tr>
<tr><td>10,20,…,100</td><td>10</td><td>10</td></tr>
<tr><td rowspan="7">2</td><td rowspan="7">83</td><td rowspan="7">0,1,2</td><td>0.5</td><td></td><td>1</td></tr>
<tr><td>1</td><td></td><td>1</td></tr>
<tr><td>1.005</td><td></td><td>1</td></tr>
<tr><td>1.01,1.02,…,1.49</td><td>0.01</td><td>49</td></tr>
<tr><td>1.5,1.6,…,1.9</td><td>0.1</td><td>5</td></tr>
<tr><td>2.0,2.5,…,9.5</td><td>0.5</td><td>16</td></tr>
<tr><td>10,20,…,100</td><td>10</td><td>10</td></tr>
<tr><td rowspan="6">3</td><td rowspan="6">46</td><td rowspan="6">0,1,2</td><td>1</td><td></td><td>1</td></tr>
<tr><td>1.001,1.002,…,1.009</td><td>0.001</td><td>9</td></tr>
<tr><td>1.01,1.02,…,1.09</td><td>0.01</td><td>9</td></tr>
<tr><td>1.1,1.2,…,1.9</td><td>0.1</td><td>9</td></tr>
<tr><td>2,3,…,9</td><td>1</td><td>8</td></tr>
<tr><td>10,20,…,100</td><td>10</td><td>10</td></tr>
<tr><td rowspan="6">4</td><td rowspan="6">38</td><td rowspan="6">0,1,2</td><td>1</td><td></td><td>1</td></tr>
<tr><td>1.005</td><td></td><td>1</td></tr>
<tr><td>1.01,1.02,…,1.09</td><td>0.01</td><td>9</td></tr>
<tr><td>1.1,1.2,…,1.9</td><td>0.1</td><td>9</td></tr>
<tr><td>2,3,…,9</td><td>1</td><td>8</td></tr>
<tr><td>10,20,…,100</td><td>10</td><td>10</td></tr>
</table>

为了减少量块组合的累积误差，使用量块时，就尽量减少块数，一般不超过 5 块。选用量块时，根据所需组合的尺寸，从最后一位数字开始选择，每选一块，使尺寸数字的位数减少一位，以此类推，直至组合成完整的尺寸。

例 1.1 要组成 38.935 mm 的尺寸，试选择组合的量块。

解 最后一位数字为 0.005，因而可采用 83 块一套或 38 块一套的量块。

若采用 83 块一套的量块，则有

$$\begin{array}{r} 38.935 \\ -\ 1.005 \\ \hline 37.93 \\ -\ 1.43 \\ \hline 36.5 \\ -\ 6.5 \\ \hline 30 \end{array}$$

从上式可知，一共用了 4 块量块组合成完整的尺寸。

若采用 38 块一套的量块，则有

$$\begin{array}{r} 38.935 \\ -\ 1.005 \\ \hline 37.93 \\ -\ 1.03 \\ \hline 36.9 \\ -\ 1.9 \\ \hline 35 \\ -\ 5 \\ \hline 30 \end{array}$$

从上式可知，一共用了 5 块量块组合成完整的尺寸。因此，采用 83 块一套的量块要好些。

1.3.3 游标量具（游标卡尺）

利用游标和尺身相互配合进行测量和读数的量具，称为游标卡尺。它结构简单、使用方便，在机械加工中应用广泛。

（1）游标卡尺的结构

游标卡尺的结构如图 1.2 所示。其他游标卡尺如图 1.3 所示。

游标卡尺的读数部分由尺身和游标组成。从图 1.2 中可知，游标卡尺的主体是一个刻度的尺身，其上有固定量爪，沿着尺身可移动的部分称为尺框，尺框上有活动量爪，并装有游标和紧固螺钉。有的游标卡尺上为调节方便还装有微动装置。在尺身上滑动尺框，可使两

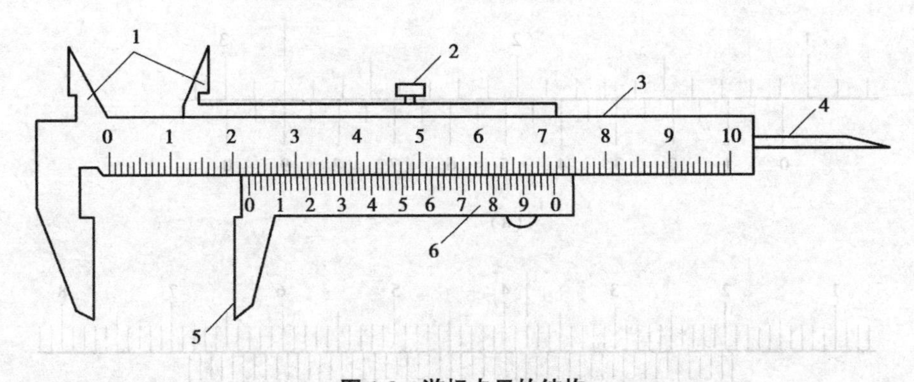

图1.2 游标卡尺的结构

1—内测量爪;2—紧固螺钉;3—尺身;4—深度尺;5—外测量爪;6—游标

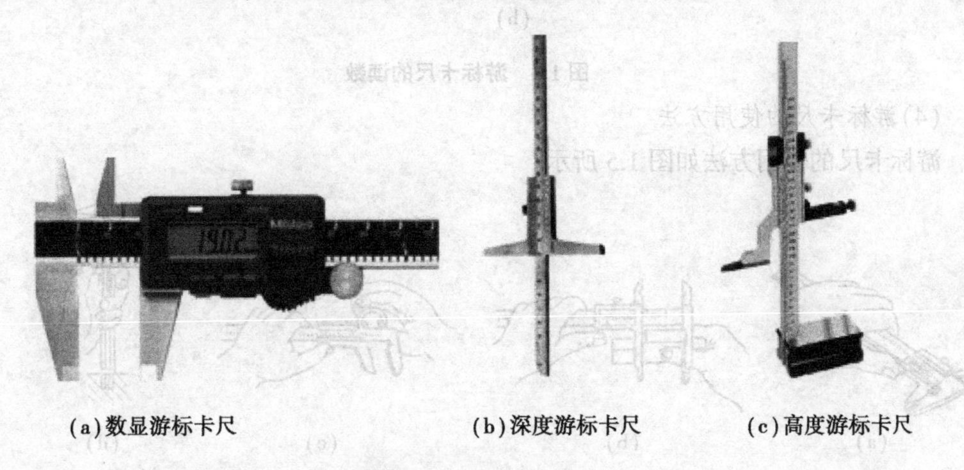

(a)数显游标卡尺　(b)深度游标卡尺　(c)高度游标卡尺

图1.3 其他游标卡尺

量爪的距离改变,以完成不同尺寸的测量工作。它常用的游标读数值为0.02,0.05 mm。

(2)游标卡尺的用途

游标卡尺通常用来测量内外径尺寸、孔距、壁厚、沟槽及深度等。

(3)游标卡尺的读数方法

①读整数部分。游标零刻线所指示的尺身上左边刻线的数值为测量结果的整数部分。

②读小数部分。判断游标零刻线右边是与哪一条刻线与尺身刻线重合,将该线的序号乘以游标读数值后所得的积,便为测量结果的小数部分。

③求和。将读数的整数部分和小数部分相加,即得测量结果。

例1.2 读出如图1.4所示游标卡尺的读数。

解 图1.4(a)为读数值$i=0.05$ mm的游标卡尺,游标的零线落在尺身的10~11,因而读数的整数部分为10 mm。游标的第18格的刻线与尺身的一条刻线对齐,因而小数部分值为$0.05\times18=0.90$ mm。因此,被测量尺寸为10 mm+0.90 mm=10.90 mm。

图1.4(b)为读数值$i=0.02$ mm的游标卡尺,游标的零线落在尺身的19~20,因而整数部分为19 mm,游标的第19格刻线与尺身的一条刻线对齐,因而小数部分值为$0.02\times19=0.38$ mm。因此,被测尺寸为19 mm+0.38 mm=19.38 mm。

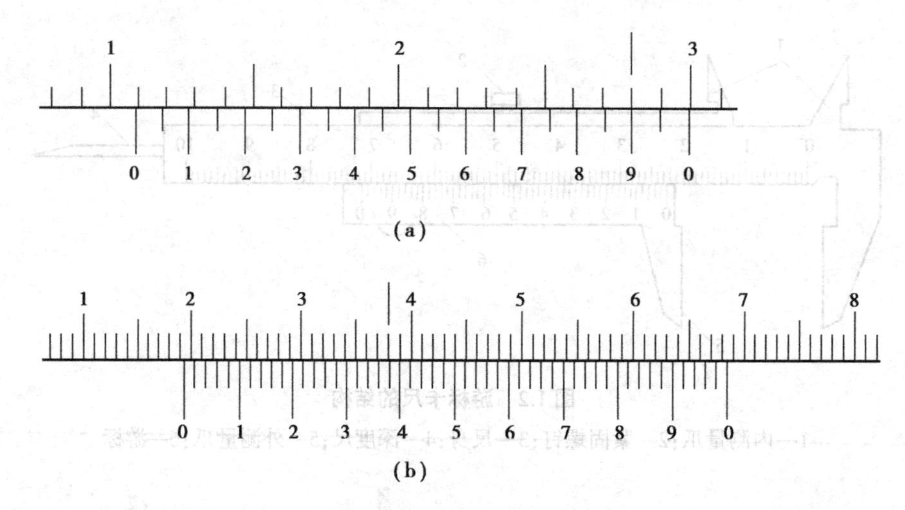

图 1.4　游标卡尺的读数

(4) 游标卡尺的使用方法

游标卡尺的使用方法如图 1.5 所示。

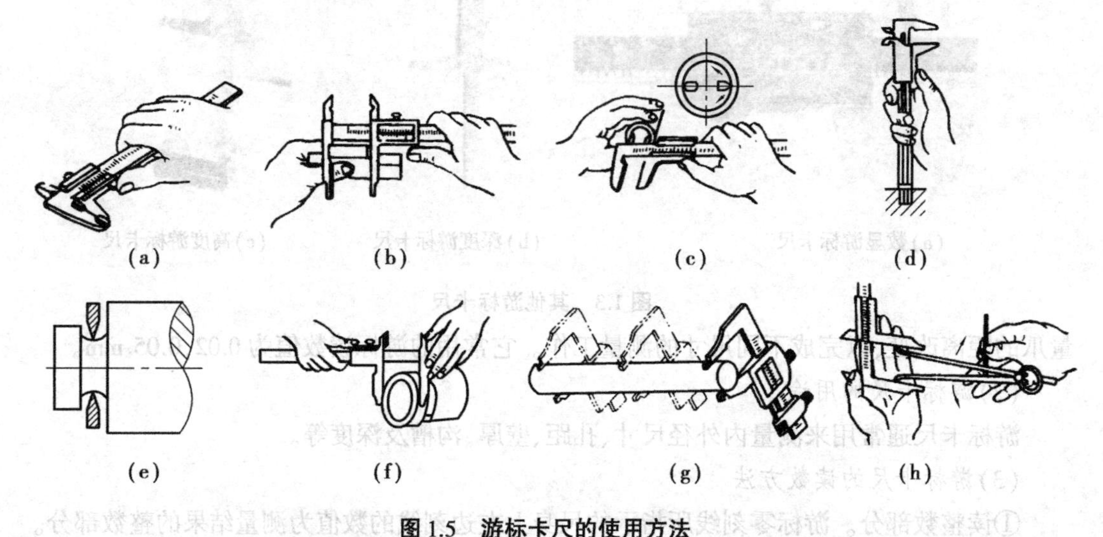

图 1.5　游标卡尺的使用方法

(a) 使用前,检查零线是否对齐　(b) 测量外部尺寸的方法　(c) 测量内孔的方法

(d) 测量深度的方法　(e) 测量沟槽的方法　(f) 测量较大外径的方法

(g) 测量较长件的方法　(h) 用游标卡尺校准卡钳读数的方法

(5) 游标卡尺的使用注意事项

①测量前,用软布将卡脚和被测零件擦干净。

②检查两零线是否对齐。

③测量时,卡脚接触面要与被测零件表面贴合。

④测量时,应使量爪轻轻接触零件的被测表面,保持合适的测量力。

⑤读数时视线要与刻度线垂直,避免产生视觉误差。

⑥游标卡尺测量完毕时,将两尺零线对齐,小心平放在卡尺专用盒内。

1.3.4 千分尺

千分尺是一种较为精密的量具,常用的有外径千分尺、内径千分尺、深度千分尺、公法线千分尺等,如图 1.6、图 1.7 所示。

(1)外径千分尺的结构

外径千分尺由尺架、测微装置、测力装置和锁紧装置等组成,如图 1.5 所示。

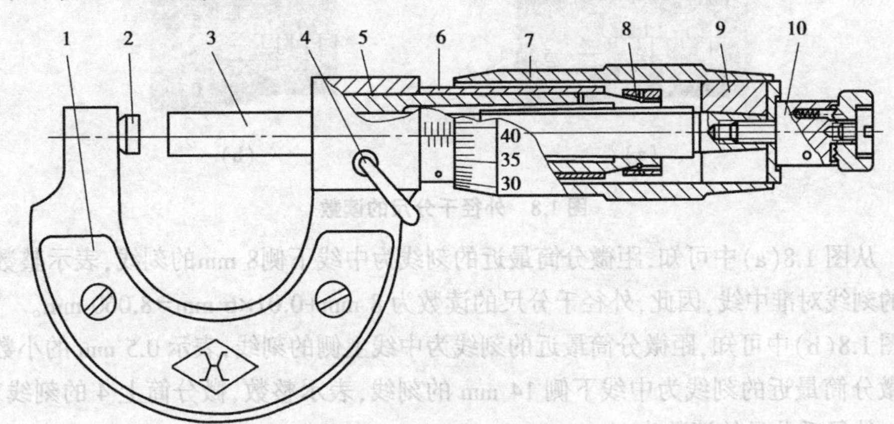

图 1.6　外径千分尺的结构

1—尺架;2—砧座;3—测微螺杆;4—锁紧装置;5—螺纹轴套;6—固定套筒;7—微分筒;8—螺母;9—接头;10—测力装置

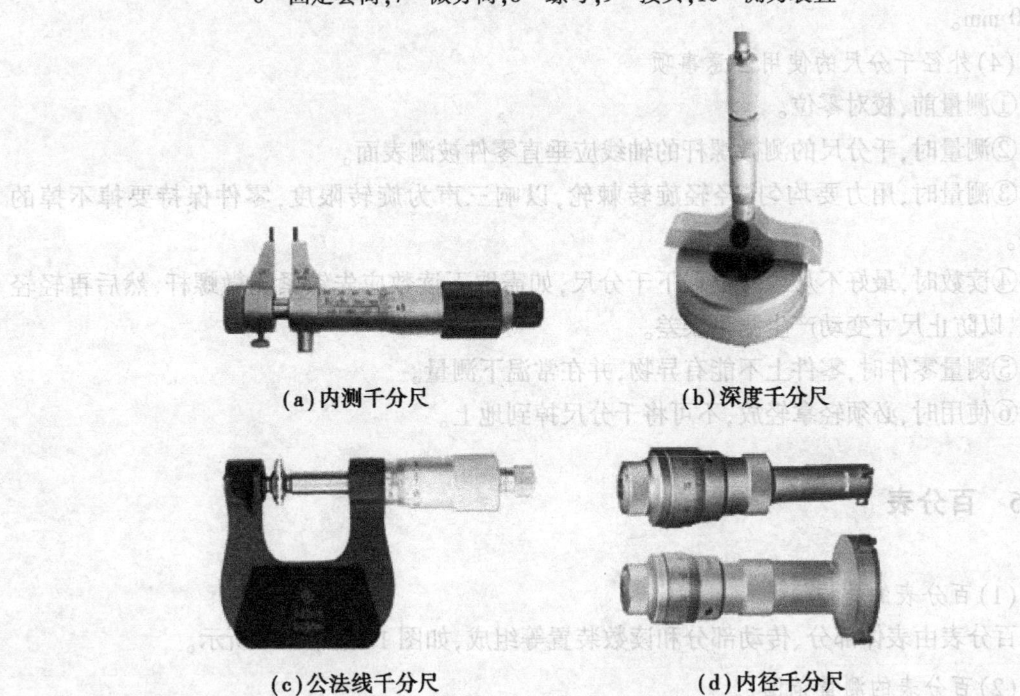

(a)内测千分尺

(b)深度千分尺

(c)公法线千分尺

(d)内径千分尺

图 1.7　其他千分尺

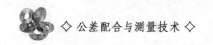

(2)外径千分尺的读数方法

①读整数部分。从微分筒的左边缘在固定套筒上露出来的刻线,读出整数或半毫米数。

②读小数部分。从微分筒上找到与固定套筒中线对齐的刻线,将此刻线数乘以0.01 mm,就是小数部分(小于0.5 mm)。

③求和。将读数的整数部分和小数部分相加,即得测量结果。

例 1.3　读出如图 1.8 所示外径千分尺的读数。

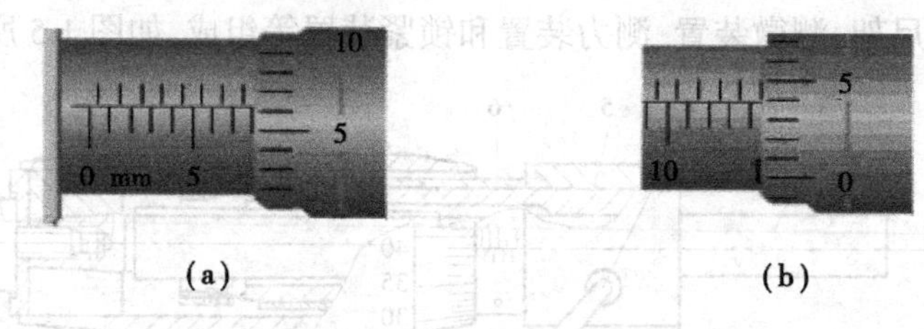

图 1.8　外径千分尺的读数

解　从图 1.8(a)中可知,距微分筒最近的刻线为中线下侧8 mm的刻线,表示整数,微分筒上 6 的刻线对准中线,因此,外径千分尺的读数为 8 mm+0.01×6 mm=8.060 mm。

从图 1.8(b)中可知,距微分筒最近的刻线为中线上侧的刻线,表示 0.5 mm 的小数,中线下侧距微分筒最近的刻线为中线下侧 14 mm 的刻线,表示整数,微分筒上 4 的刻线对准中线,因此,外径千分尺的读数为 14 mm+0.5 mm+0.01×4 mm=14.540 mm。

(3)外径千分尺的测量范围

常用的外径千分尺的测量范围有 0~25 mm,25~50 mm,50~75 mm 等,最大的可达 2 500~3 000 mm。

(4)外径千分尺的使用注意事项

①测量前,校对零位。

②测量时,千分尺的测微螺杆的轴线应垂直零件被测表面。

③测量时,用力要均匀,轻轻旋转棘轮,以响三声为旋转限度,零件保持要掉不掉的状态。

④读数时,最好不从工件上取下千分尺,如需取下读数应先锁紧测微螺杆,然后再轻轻取下,以防止尺寸变动产生测量误差。

⑤测量零件时,零件上不能有异物,并在常温下测量。

⑥使用时,必须轻拿轻放,不可将千分尺掉到地上。

1.3.5　百分表

(1)百分表的结构

百分表由表体部分、传动部分和读数装置等组成,如图 1.9、图 1.10 所示。

(2)百分表的测量范围

百分表的测量范围通常有 0~3 mm,0~5 mm,0~10 mm 这 3 种。

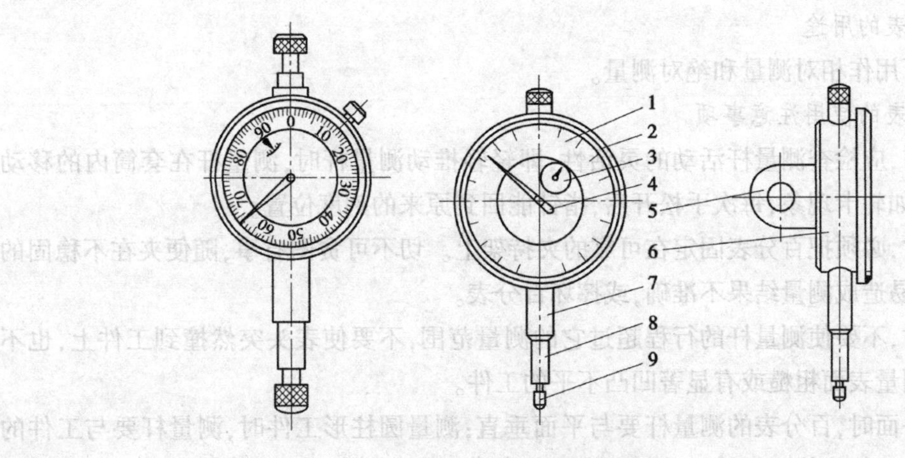

图 1.9 百分表的结构

1—表盘;2—表圈;3—转数指示盘;4—大指针;5—耳环;
6—表体;7—轴套;8—量杆;9—测量头

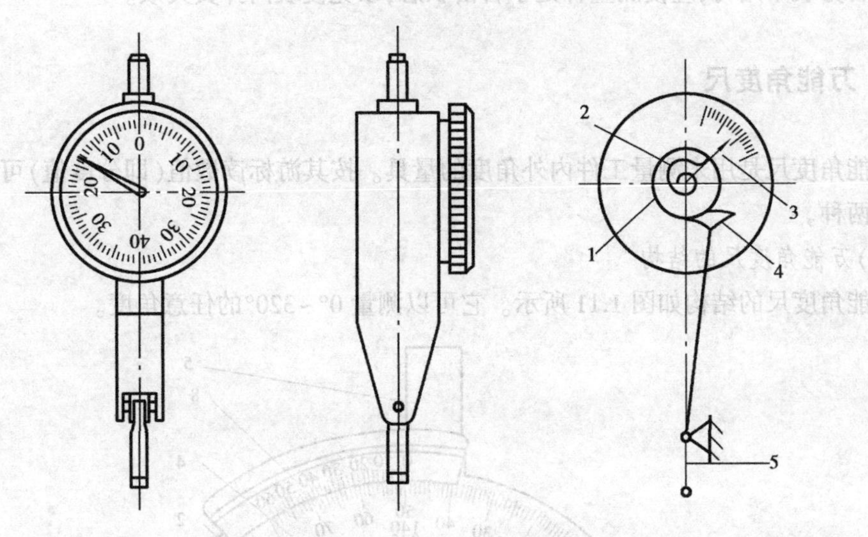

图 1.10 杠杆百分表的结构

1—齿轮;2—游丝;3—指针;4—扇形齿轮;5—杠杆测头

(3) 百分表的精度

百分表的精度分为0,1,2 这3级。

(4) 百分表刻线原理和读数方法

百分表的分度值为0.01 mm,表面刻度盘上共有100个等分格。按百分表的齿轮机构的传动原理,量杆移动1 mm时,指针回转1圈。当指针偏转1格时,量杆移动的距离为

$$L = 1 \times \frac{1}{100}\ \text{mm} = 0.01\ \text{mm}$$

其读数方法是:先读小指针9与起始位置“0”之间的刻度线,即整数部分;再读大指针8在表盘上转过的刻度线,即小数部分,并乘以0.01,两个数值相加就是被测尺寸的数值。

(5) 百分表的用途

百分表可用作相对测量和绝对测量。

(6) 百分表的使用注意事项

①使用前,应检查测量杆活动的灵活性,即轻轻推动测量杆时,测量杆在套筒内的移动要灵活,没有如轧卡现象,每次手松开后,指针能回到原来的刻度位置。

②使用时,必须把百分表固定在可靠的夹持架上。切不可贪图省事,随便夹在不稳固的地方,否则容易造成测量结果不准确,或摔坏百分表。

③测量时,不要使测量杆的行程超过它的测量范围,不要使表头突然撞到工件上,也不要用百分表测量表面粗糙或有显著凹凸不平的工件。

④测量平面时,百分表的测量杆要与平面垂直;测量圆柱形工件时,测量杆要与工件的中心线垂直,否则,将使测量杆活动不灵或测量结果不准确。

⑤为方便读数,在测量前一般都让大指针指到刻度盘的零位。

⑥百分表不用时,应使测量杆处于自由状态,以免使表内弹簧失效。

1.3.6 万能角度尺

万能角度尺是用来测量工件内外角度的量具。按其游标读数值(即分度值)可分为 2 分和 5 分两种。

(1) 万能角度尺的结构

万能角度尺的结构如图 1.11 所示。它可以测量 0°~320°的任意角度。

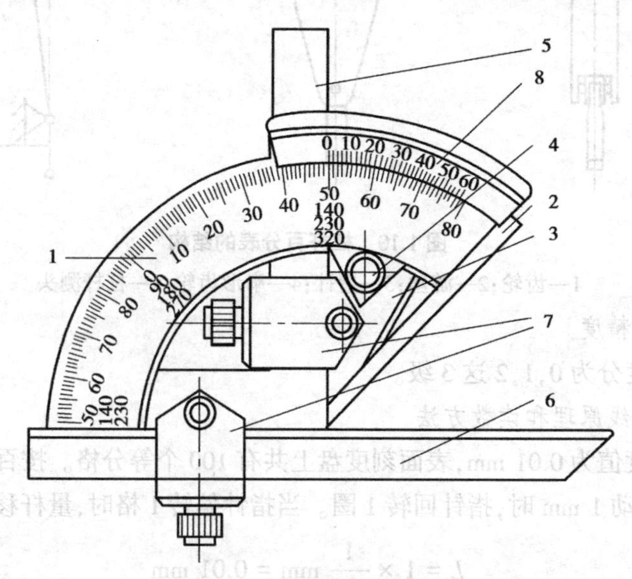

图 1.11 万能角度尺

1—主尺;2—基尺;3—扇形板;4—制动头;5—直角尺;6—直尺;7—卡块;8—游标

(2) 万能角度尺的读数方法

万能角度尺的读数方法与游标卡尺相似，先从尺身上读出游标零刻线指示的整"度"数值，再从游标和主尺对齐刻数读出"分"数值，然后将二者相加即可。

学习评价表

考核项目	考核要求	配分	得分
1.游标卡尺由哪几部分组成	答对得 10 分	10 分	
2.外径千分尺由哪几部分组成	答对得 10 分	10 分	
3.游标卡尺如何读数，并能立即读出来	答对得 40 分	40 分	
4.外径千分尺如何读数，并能立即读出来	答对得 40 分	40 分	
总　计			

任务 1.4　零件检测

●任务要求

1.理解量具的原理和特点。

2.会选用量具检测零件。

●任务实施

1.4.1　轴类零件的检测

轴类零件是机械制造业中常见的非标准零件，主要用以支承轴上零件并传递扭矩。对轴类零件的技术要求有尺寸精度、几何形状精度、位置精度、表面粗糙度以及其他要求。

如图 1.12 所示为一种常用典型轴类零件，其材料为 45 钢。两处键槽深 4 mm。

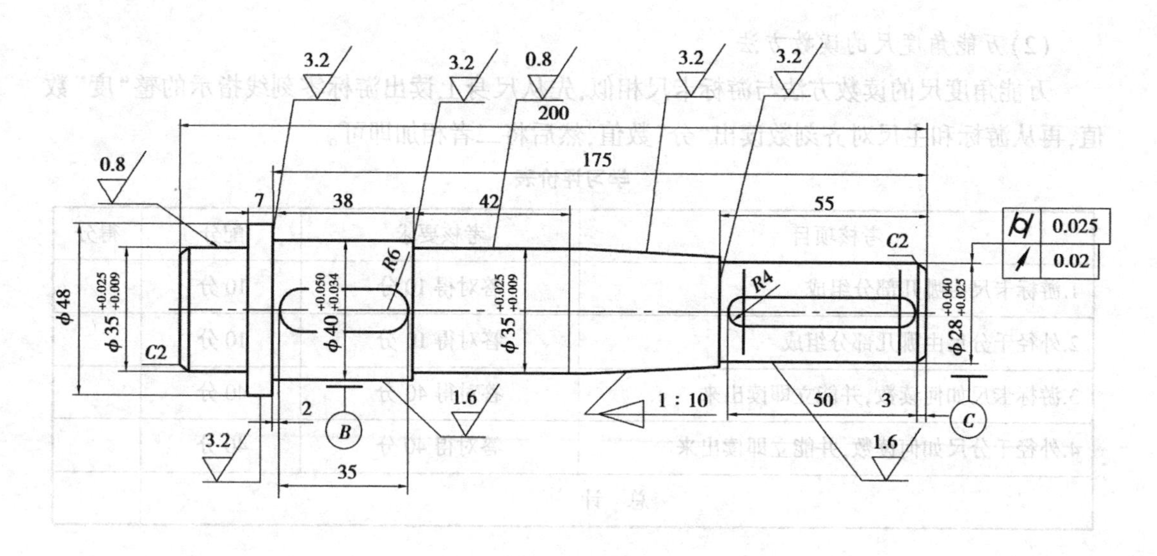

技术要求

1.热处理220~250 HBS

2.各轴肩处过渡圆角R1

图 1.12　常用轴零件示意图

(1)直径测量

测量目的:

①检测轴上各处外径是否合格。

②熟悉游标卡尺和千分尺的使用方法。

测量工具准备:游标卡尺(0~125 mm,精度 0.02 mm)和千分尺(25~50 mm)。

测量步骤:

①检查游标卡尺和千分尺是否对好零位,并擦净量具和工件的检测表面。

②测量并记录、分析数据。

⚠注意事项

①无论是游标卡尺,还是千分尺,测量时必须保证量具本身的准确性,即一定要调整零位后方可测量。

②卡爪必须垂直于轴线,且位于最大直径处。为防止轴径长度上出现锥度,至少检测两个不同位置。

③推压游标卡尺的副尺时,注意不可用力过大或过小,以保证测量的准确。使用千分尺时,当测量面与被测面接触时,应轻轻旋转棘轮,直到发出"咔咔"声,方可读数。千分尺读数时,要注意零度线上方的小刻度线是否露出,如果出现应加 0.5 mm。

(2)长度测量

测量目的:检测轴上各段长度是否合格。

测量工具准备:游标卡尺(0~125 mm,0~300 mm,精度 0.02 mm)和游标深度尺(精度 0.02 mm)。

测量步骤:

①图样上标注的长度尺寸大部分没有公差值,需要查“线性尺寸的极限偏差数值”,按中等公差等级查出允许的偏差数值,见表 1.2。

表 1.2 允许的偏差数值

长度尺寸/mm	200	175	38	42	55	50	35	7
允许偏差/mm	±0.5	±0.5	±0.3	±0.3	±0.3	±0.3	±0.3	±0.2

②用 0~300 mm 的游标卡尺测量 200 mm 和 175 mm 处,其余长度可用 0~125 mm 游标卡尺测量,每处测量两次。

③用 0~125 mm 游标卡尺测量两处键宽;用游标深度尺测量两处键深,如没有游标深度尺,也可用游标卡尺上的深度尺代替。

⚠注意事项

①如有 V 形铁,可将轴 $\phi35$ 放置在 V 形铁上,保证测量数值的准确性。注意应将轴段放置在 V 形铁上。

②测量长度 38 和 55 两段,可用游标卡尺上的深度尺或游标深度尺;测量键宽和键长,应用 0~125 mm 游标卡尺的上量爪。

③第二次测量的位置应与第一次不同,保证测量的准确性。

(3)轴类零件检测报告(见表 1.3)

课题名称:轴类零件的测量(如改用其他零件,请绘制被测量零件草图)

表 1.3 轴类零件检测报告

项目	内 容		测量工具		实测值/mm		测量结果	备注
	部位	公差/mm	名称	规格/mm	第一次	第二次		
直径测量	$\phi48$		游标卡尺	0~125				
	$\phi35$(左)	+0.025 +0.009	千分尺	25~50				
	$\phi40$	+0.050 +0.034	千分尺	25~50				
	$\phi35$(右)	+0.025 +0.009	千分尺	25~50				
	$\phi28$	+0.040 +0.025	千分尺	25~50				

续表

项目	内 容		测量工具		实测值/mm		测量结果	备注
	部位	公差/mm	名称	规格/mm	第一次	第二次		
长度测量	200		游标卡尺	0~300				
	175		游标卡尺	0~300				
	38		游标卡尺	0~125				
	42		游标卡尺	0~125				

1.4.2 渐开线圆柱齿轮加工误差的检测

齿轮传动广泛地应用于各种机器中,其主要功能为传递运动、动力以及精密分度。因此,对齿轮传动的精度要求很高,不仅要保证单个齿轮的尺寸精度,形状、位置精度和表面粗糙度,更要保证一对啮合齿轮的传动精度。对齿轮传动的精度主要要求如下:

①传递运动的准确性。即要求齿轮在一转范围内,最大转角误差不超过规定的公差值。

②传动的平稳性。即要求齿轮传动的瞬时传动比的误差不超过规定的允许值。

③载荷分布的均匀性。即要求齿轮啮合时,轮齿的表面接触良好,防止载荷分布不均而引起应力集中,造成局部磨损,影响齿轮的承载能力和使用寿命。

④具有合理的传动间隙。即要求齿轮啮合时,非工作面应具有一定的间隙,用于存储润滑油,补偿受力变形、热膨胀及制造与安装误差。

齿轮转动要保证的 4 种精度中的前 3 项都由其各自的公差组组成,分别称为第一、第二、第三组公差,而传动间隙由齿厚的公差来控制,其标注方法为

7 6 6 G M GB/T 10095—1988

前 3 个数字分别表示第一、第二、第三公差组的精度等级;G 表示齿厚的上偏差;M 表示齿厚下偏差;GB/T 10095—1988 为 1988 年制订的 10095 号国家标准。

由于对齿轮传动的精度要求很高,因此对齿轮的检测就显得尤为重要。齿轮测量可分为单项测量和综合测量。在生产过程中进行的工艺测量一般采用单项测量,其目的是为了查明工艺过程中产生误差的原因,以便及时调整工艺过程。而综合测量在齿轮加工后进行,其目的是判断齿轮各项精度指标是否达到图样上规定的要求。

如图 1.13 所示为一种常用齿轮零件,其材料为 40 Cr。

(1)公法线长度的测量

测量目的:

①检查公法线长度是否在允许的公差范围内。

②熟悉公法线千分尺的使用方法。

测量工具准备:公法线千分尺(25~50 mm)。

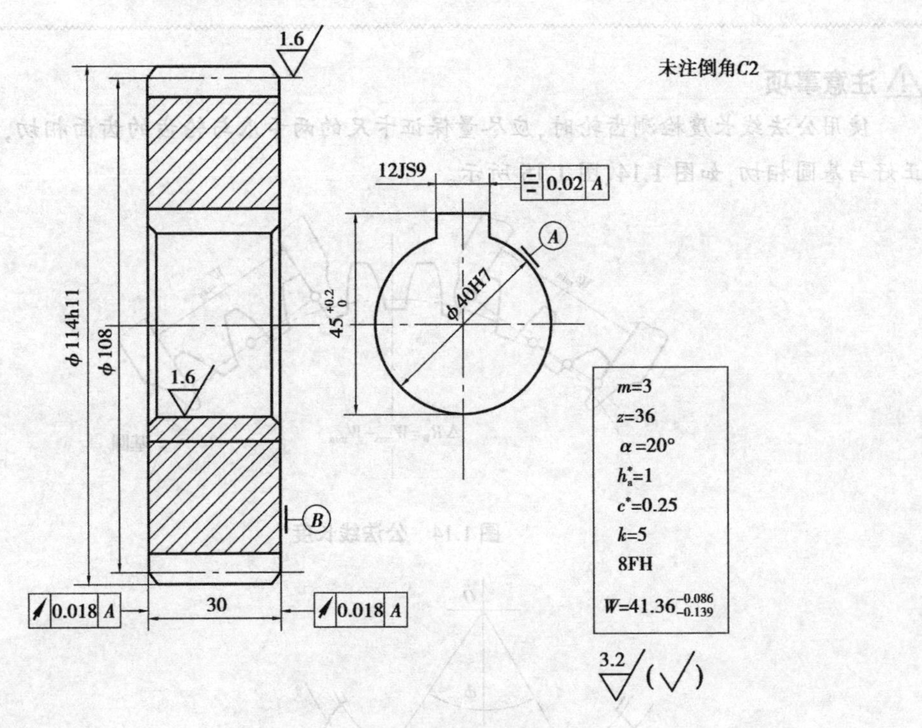

图 1.13　常用齿轮零件示意图

测量步骤：

①根据跨齿数计算公式

$$k = \frac{z}{9} + 0.5 = \frac{36}{9} + 0.5 = 4.5$$

取跨齿数 $k=5$。

②计算公法线长度，即

$$\begin{aligned} W &= m[1.476(2k-1) + 0.014z] \\ &= 3 \times [1.476(2 \times 5 - 1) + 0.014 \times 36]\text{mm} \\ &= 41.36\ \text{mm} \end{aligned}$$

③查齿轮公差值 FH 得出公法线长度公差为$^{-0.086}_{-0.139}$，即

$$W = 41.36^{-0.086}_{-0.139}$$

可简化为

$$W = 41.274^{\ 0}_{-0.053}$$

④用公法线千分尺任意测量齿轮 4 处以上位置，检测其公法线长度是否在公差允许的范围内。

⚠注意事项

使用公法线长度检测齿轮时,应尽量保证卡尺的两卡爪与轮齿的齿面相切,确保公法线正好与基圆相切,如图 1.14、图 1.15 所示。

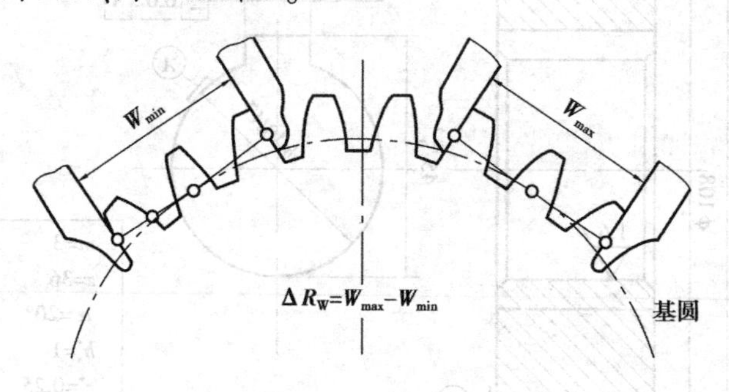

图 1.14 公法线长度

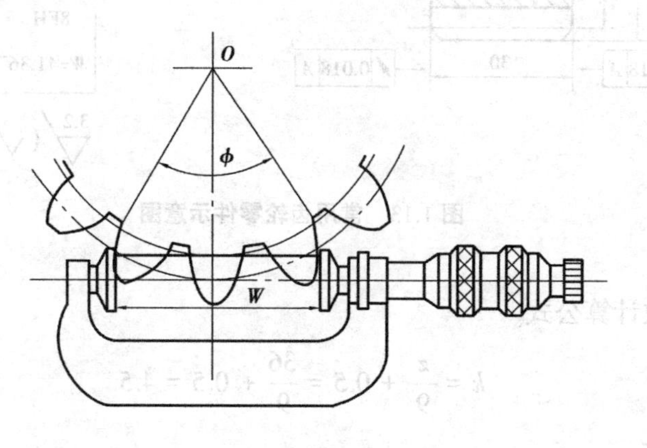

图 1.15 公法线千分尺

(2)齿厚的测量

测量目的:

①检测分度圆弦齿厚的实际值与公称值的误差。

②熟悉齿轮游标卡尺的使用方法。

测量工具准备:齿轮游标卡尺。

测量步骤:

①计算齿轮分度圆弦齿厚和弦齿高,即

$$S_f = mz \sin \frac{90°}{z} \text{ mm} = 4.710\ 9 \text{ mm}$$

$$h_f = m\left[h_a^* + \frac{z}{2}\left(1 - \cos \frac{90°}{z}\right)\right]$$

$$= 3 \times \left[1 + \frac{36}{2} \times \left(1 - \cos\frac{90^\circ}{z}\right)\right] \text{ mm}$$

$$= 3.051\ 3 \text{ mm}$$

②由 8FH 查表得齿厚上、下偏差为$^{-0.063}_{-0.163}$(一般由设计者提供)。

③调整齿轮游标卡尺,使其垂直。游标顶住齿顶圆,高度等于分度圆弦齿高 3.051 3 mm,如图 1.16所示。用齿轮游标卡尺测出分度圆的实际弦齿厚,并与给定的允许值进行比较,即可知道其误差。

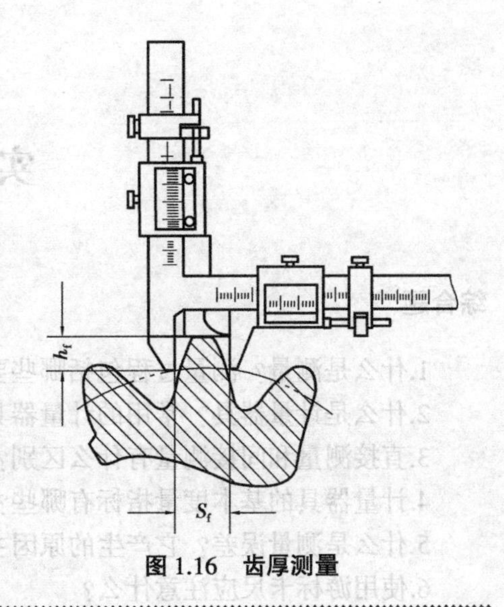

图 1.16 齿厚测量

⚠注意事项

应保证齿轮游标卡尺的高度尺与齿顶充分接触,保证齿厚测量的准确。齿厚的测量数目应不少于4个。

(3)综合测量

齿轮综合测量是用测量齿轮同被测齿轮在与实际使用条件相似的情况下啮合传动,并在连续运转的过程中测出齿轮误差,它能反映出整个齿轮运动过程中所有啮合点上的误差,能较全面地反映齿轮的使用质量。齿轮综合测量的效率高,适用于成批生产时检测。其缺点是每一种规格的齿轮需要配备相应专用的测量齿轮。综合测量的操作步骤请参阅相关手册。

(4)齿轮误差检测报告(见表 1.4)

课题名称:齿轮公法线长度和齿厚误差的测量(如改用其他齿轮,请画出零件图)。

表 1.4

项 目	内 容		测量工具		实测值/mm				测量结果
	部 位	公差/mm	名 称	规格/mm	第一次	第二次	第三次	第四次	
公法线长度	$W=41.36$	−0.086 −0.139	公法线千分尺	25~50					
分度圆弦齿厚	$S_f=4.710$	−0.063 −0.163	齿轮游标卡尺	0~100					

学习评价表

考核项目	考核要求	配分	得分
1.轴类零件的检测	测出1个项目得5分	50分	
2.渐开线圆柱齿轮加工误差的检测	测出1个项目得5分	50分	
总 计			

实践与训练

综合题

1.什么是测量？测量过程包括哪些要素？

2.什么是计量器具？常用的计量器具有哪些种类？

3.直接测量和间接测量有什么区别？绝对测量和相对测量有什么区别？

4.计量器具的基本度量指标有哪些？

5.什么是测量误差？它产生的原因主要是什么？

6.使用游标卡尺应注意什么？

7.简述游标卡尺的读数方法,并确定如图 1.17 所示各游标卡尺的读数值 i 及所确定的被测尺寸的数值,右图是左图的放大图(放大快对齐的那一部分)。

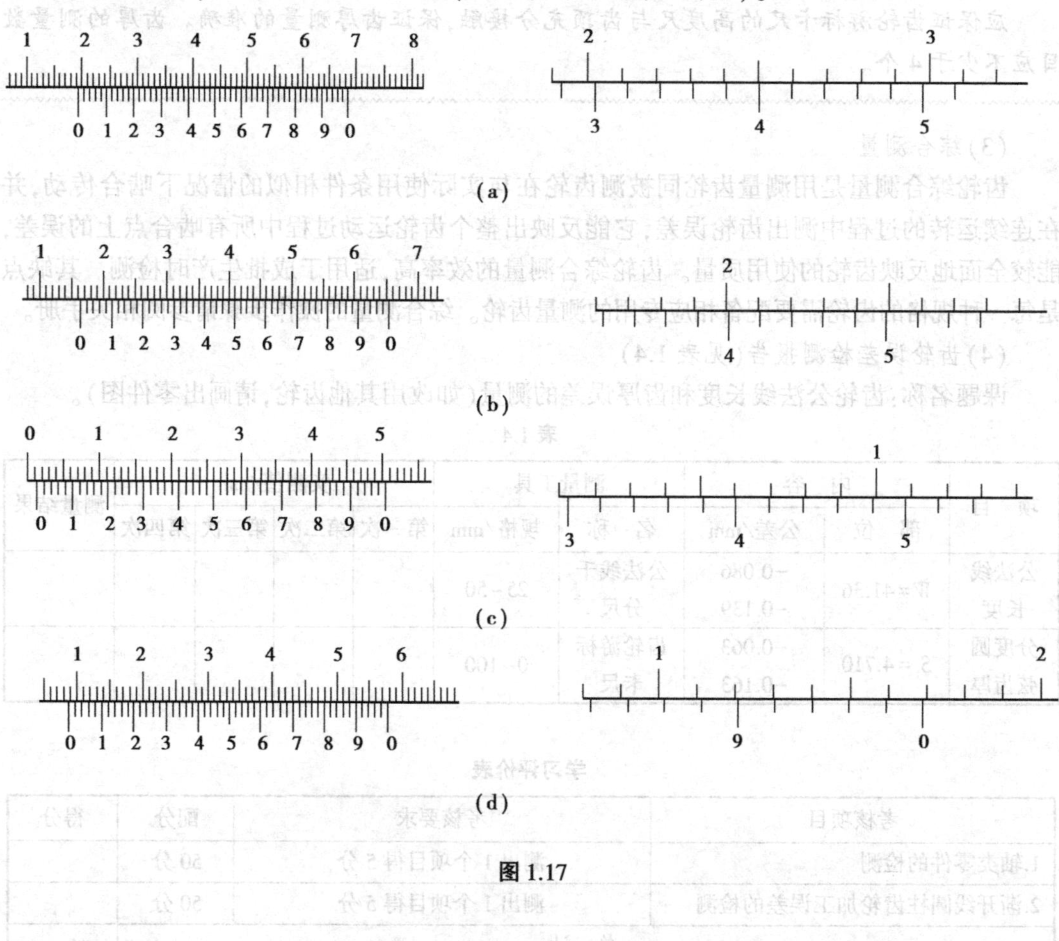

图 1.17

8.说明外径千分尺的读数方法,并确定如图 1.18 所示的千分尺表示的被测尺寸的数值。

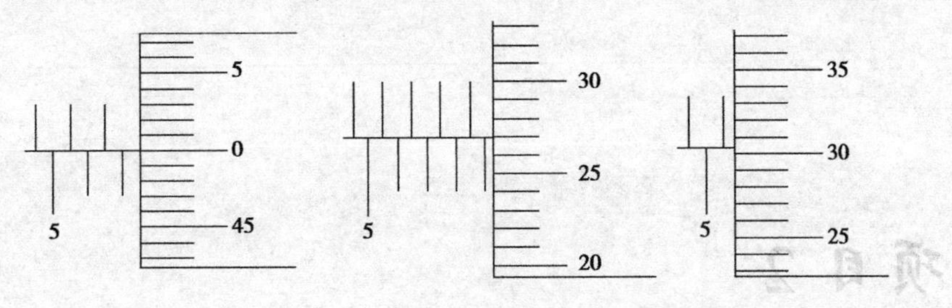

图 1.18

项目 2

零件尺寸公差配合及检测

●项目概述

本项目是掌握零件尺寸公差配合的重要部分。本项目讲解了零件尺寸的基本术语及定义、公差带的标准化、尺寸公差带与配合的选择、线性尺寸的一般公差。要求学生掌握零件尺寸公差配合的基本术语及定义,了解公差带与配合的标准化和选择。

●项目内容

零件尺寸的基本术语及定义、公差带的标准化、尺寸公差带与配合的选择、线性尺寸的一般公差。

●项目目标

掌握零件尺寸公差配合的基本术语及定义,了解公差带与配合的标准化和选择。

任务 2.1　基本术语及定义

●任务要求

1.掌握公差与配合的术语及定义。

2.理解尺寸公差带图的绘制。

3.理解配合的分类及判断。

4.理解盈隙的计算。

●任务实施

2.1.1　尺寸的术语及定义

(1)尺寸

尺寸是用特定单位表示长度大小的数值,由数字和特定单位两部分组成。机械加工中通常以 mm(毫米)为特定单位,常用来表示两点间的距离,如长度、中心距、圆弧半径、高度等数值。例如,某个孔的直径是 30 mm,长度 100 mm,30,100 都是数字,mm 是它们的特定单位,30 mm 和 100 mm 才反映为尺寸。

(2)基本尺寸

基本尺寸由设计者给定。它是设计时根据零件的使用要求通过计算、试验或类比的方法而确定的。现在的基本尺寸一般都标准化了,以减少定制刀具、量具的规格。孔和轴的基本尺寸分别用 D 和 d 表示。孔用“D”表示,轴用 “d”表示。基本尺寸如图 2.1 所示。

(3)实际尺寸

通过实际测量所得的尺寸,称为实际尺寸。由于在测量过程中不可避免地存在测量误差,同一零件相同部位用同一量具多次重复测量,其测得的实际尺寸也不完全相同。另外,由于零件形状误差的影响,同一轴截面内,不同部位的实际尺寸也不一定相等,而在同一横截面内,不同方向上的实际尺寸也可能不相等,如图 2.2 所示。因此,实际尺寸并非被测尺寸的真值。

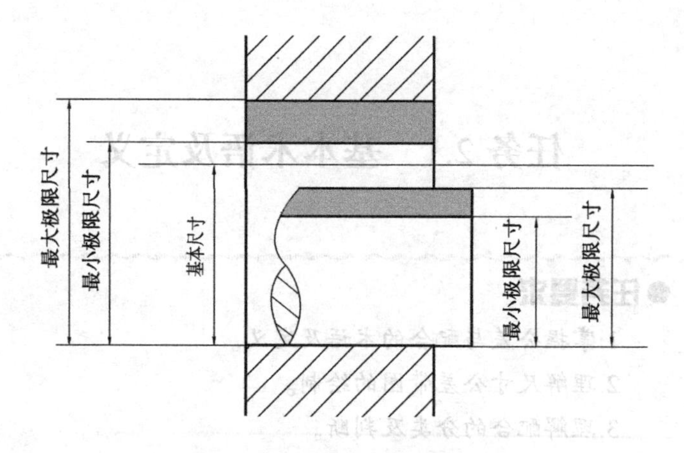

图 2.1　基本尺寸和极限尺寸

孔的实际尺寸用“D_a”表示,轴的实际尺寸用 “d_a”表示。

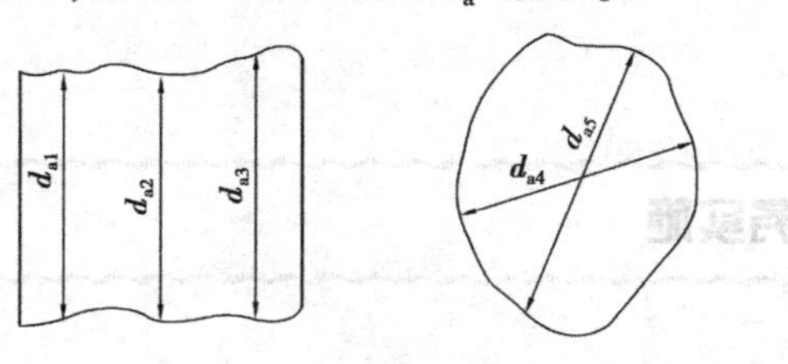

图 2.2　实际尺寸

(4)极限尺寸

允许尺寸变化的两个界限值,称为极限尺寸。它是以基本尺寸为基数来确定。

在机械加工中,存在着机床误差、刀具误差、量具误差,甚至视力误差,使统一规格的零件不可能准确地制成所指定的基本尺寸。从使用的角度来看,既没有必要,也不可能使所有零件的实际尺寸与基本尺寸完全相同,但又必须使实际尺寸的变化在规定的范围之内,这就引出了极限尺寸的概念,并用其控制实际尺寸的变化。在极限尺寸的两个界限值中,较大的一个称为最大极限尺寸,较小的一个称为最小极限尺寸。

孔允许的最大尺寸称为孔的最大极限尺寸,用“D_{max}”表示;孔允许的最小尺寸称为孔的最小极限尺寸,用“D_{min}”表示。轴允许的最大尺寸称为轴的最大极限尺寸,用“d_{max}”表示;轴允许的最小尺寸称为轴的最小极限尺寸,用“d_{min}”表示。极限尺寸如图 2.1 所示。

2.1.2　偏差与公差的术语及定义

(1)尺寸偏差

某一尺寸减其基本尺寸所得的代数差,称为尺寸偏差(简称偏差)。其值可以为正值、负值或零。因为定义中的某一尺寸包括极限尺寸和实际尺寸,所以偏差有极限偏差和实际偏差之分。

(2)极限偏差

极限偏差是指极限尺寸减其基本尺寸所得的代数差,分为上偏差和下偏差。其中,最大

尺寸减其基本尺寸所得的代数差称为上偏差，孔的上偏差用“ES”表示，轴的上偏差用“es”表示；最小极限尺寸减其基本尺寸所得的代数差称为下偏差，孔的下偏差用“EI”表示，轴的下偏差用“ei”表示，如图2.3所示。

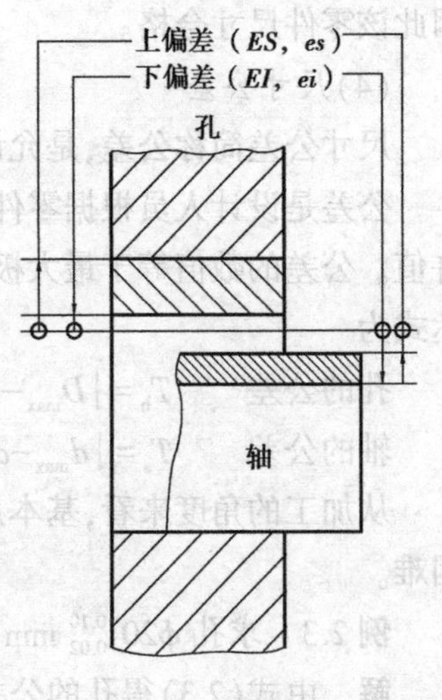

图2.3　极限偏差

极限偏差用公式表示为

孔的上偏差　$ES=D_{max}-D$　　孔的下偏差　$EI=D_{min}-D$　　(2.1)

轴的上偏差　$es=d_{max}-d$　　轴的下偏差　$ei=d_{min}-d$　　(2.2)

国家标准规定：在图样上和技术文件上标注极限偏差数值时，上偏差标在基本尺寸的右上角，下偏差标在基本尺寸的右下角。特别要注意的是，当偏差为零值时，必须在相应的位置上标注“0”，如 $\phi100^{+0.035}_{0}$，$\phi60^{+0.045}_{+0.023}$，$\phi50^{-0.03}_{-0.06}$。当上、下偏差数值相等而符号相反时，应简化标注，如 $\phi50\pm0.008$。

(3) 实际偏差

实际偏差是指实际尺寸减其基本尺寸所得的代数差。合格零件的实际偏差应在规定的上、下偏差之间。

由于实际尺寸可能大于、小于或等于基本尺寸，因此，实际偏差可能为正值、负值或零。在计算和标注实际偏差时，除零外必须注明正、负号。实际偏差只有在极限偏差之内，这个零件才是合格的。

例2.1　某孔直径的基本尺寸为 $\phi50$ mm，最大极限尺寸为 $\phi50.048$ mm，最小极限尺寸为 $\phi50.009$ mm，求孔的上、下偏差。

解　根据式(2.1)得

孔的上偏差　　$ES=D_{max}-D=50.048\text{ mm}-50\text{ mm}=+0.048\text{ mm}$

孔的下偏差　　$EI=D_{min}-D=50.009\text{ mm}-50\text{ mm}=+0.009\text{ mm}$

例2.2　计算轴 $\phi60^{+0.018}_{-0.012}$ mm 的极限尺寸，若该轴加工后测得实际尺寸为 $\phi60.012$ mm，试判断该零件尺寸是否合格。

解　由式(2.1)、式(2.2)得：

轴的最大极限尺寸为　　$d_{max}=d+es=60\text{ mm}+0.018\text{ mm}=60.018\text{ mm}$

轴的最小极限尺寸为　　$d_{min}=d+ei=60\text{ mm}+(-0.012)\text{mm}=59.988\text{ mm}$

方法1：由于

$$\phi59.988\text{ mm}<\phi60.012\text{ mm}<\phi60.018\text{ mm}$$

因此，该零件尺寸合格。

方法2：轴的实际偏差 $=d_a-d=60.012\text{ mm}-60\text{ mm}=+0.012\text{ mm}$

由于

$$-0.012\text{ mm}<+0.012\text{ mm}<+0.018\text{ mm}$$

因此该零件尺寸合格。

(4)尺寸公差

尺寸公差简称公差,是允许尺寸的变动量。

公差是设计人员根据零件使用时的精度要求并考虑加工时的经济性,对尺寸变动的允许值。公差的数值等于最大极限尺寸减最小极限尺寸之差,也等于上偏差减下偏差。其表达式为

孔的公差 $T_h = |D_{max} - D_{min}| = |(ES+D)-(EI+D)| = |ES-EI|$ (2.3)

轴的公差 $T_s = |d_{max} - d_{min}| = |(es+d)-(ei+d)| = |es-ei|$ (2.4)

从加工的角度来看,基本尺寸相同的零件,公差值越大,加工就越容易;反之,加工就越困难。

例 2.3 求孔 $\phi 20^{+0.10}_{-0.02}$ mm 的尺寸公差。

解 由式(2.3)得孔的公差为

$$T_h = |ES - EI| = |0.10 \text{ mm} - 0.02 \text{ mm}| = 0.08 \text{ mm}$$

也可利用极限尺寸计算公差,由式(2.1)、式(2.2)得

$$D_{max} = D + ES = 20 \text{ mm} + 0.10 \text{ mm} = 20.10 \text{ mm}$$

$$D_{min} = D + EI = 20 \text{ mm} + 0.02 \text{ mm} = 20.02 \text{ mm}$$

由式(2.3)得

$$T_h = |D_{max} - D_{min}| = |20.10 \text{ mm} - 20.02 \text{ mm}| = 0.08 \text{ mm}$$

(5)零线与尺寸公差带

为了说明尺寸、偏差和公差之间的关系,一般采用极限与配合示意图,如图 2.4 所示。这种示意图是把极限偏差和公差部分放大而基本尺寸不放大画出来的。从图 2.4 中可直观地看出基本尺寸、极限尺寸和公差之间的关系。

为了简化起见,在实际应用中常不画出孔和轴的全形,只要按规定将有关公差部分放大画出来即可,这种图称为尺寸公差带图,如图 2.5 所示。

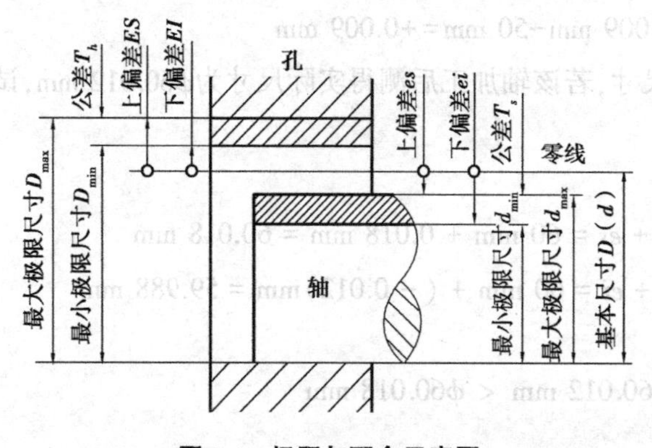

图 2.4 极限与配合示意图

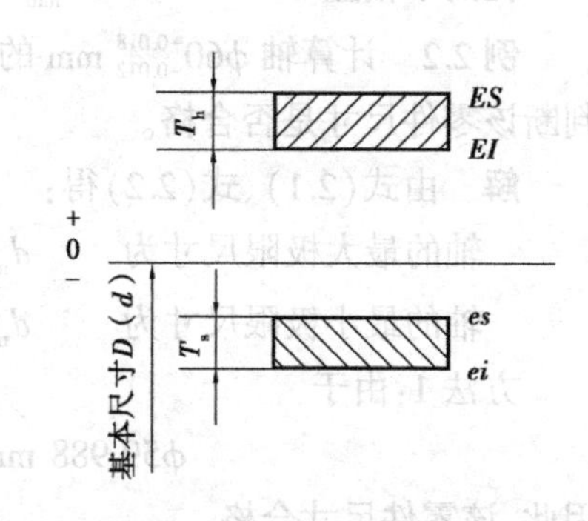

图 2.5 尺寸公差带图

1)零线

在公差带图中,表示基本尺寸的一条直线称为零线。

以零线为基准确定偏差。习惯上,零线沿水平方向绘制,在其左端画出表示偏差大小的纵坐标并标上“0”和“+”“-”号,在其左下方画上带单向箭头的尺寸线,并标上基本尺寸数值。正偏差位于零线上方,负偏差位于零线下方,零偏差与零线重合。

2)公差带

在尺寸公差带图中,由代表上偏差和下偏差或最大极限尺寸和最小极限尺寸的两条直线所限定的区域,称为公差带。

公差带沿零线方向的长度可以适当选取。为了区别,一般在同一图中,孔和轴的公差带的剖面线的方向应该相反。

尺寸公差带的要素有两个——公差带大小和公差带位置。公差带的大小是指公差带沿垂直于零线方向的宽度,由公差的大小确定。公差带的位置是指公差带相对零线的位置,由靠近零线的上偏差或下偏差决定。

例 2.4　已知孔的尺寸 $\phi48^{+0.045}_{+0.025}$ mm,轴的尺寸为 $\phi48^{-0.009}_{-0.025}$ mm,试画出孔和轴的公差带图。

解　1)计算

先将极限偏差按 300∶1的放大比例进行放大机选,基本尺寸不必放大。

孔:$ES=+0.045$　　$(+0.045)\times300=+13.5$

$EI=+0.025$　　$(+0.025)\times300=+7.5$

轴:$es=-0.009$　　$(-0.009)\times300=-2.7$

$ei=-0.025$　　$(-0.025)\times300=-7.5$

2)作图步骤(见图 2.6)

①画零线,标注“+”“-”“0”,用单箭头指向零线表示基本尺寸线,并标注基本尺寸,如图 2.6 所示。

②以零线为基准,按以上比例额计算所得尺寸确定两极限偏差的位置,适当选取长度形成矩形框,并绘制方向相反、疏密程度不一的剖面线,标注孔、轴公差代号,分别代表孔公差带和轴公差带。

③标注孔、轴上、下偏差原值及其他要求标注的数值。

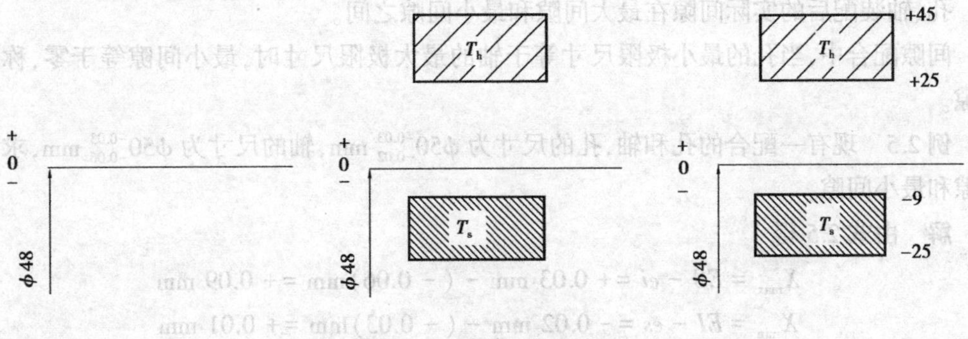

图 2.6　绘制公差带图

2.1.3 配合的术语及定义

(1)配合

基本尺寸相同的、相互结合的孔和轴公差带之间的关系,称为配合。零件进行组装时,根据装配的松紧程度分为间隙配合、过盈配合和过渡配合3大类。

(2)间隙与过盈

孔的尺寸减去相配合的轴的尺寸为正时是间隙,用"X"表示,其数值前应标"+"号;孔的尺寸减去相配合的轴的尺寸为负时是间隙,用"Y"表示,其数值前应标"-"号。

(3)配合的类型

1)间隙配合

总具有间隙(包括最小间隙等于零)的配合,称为间隙配合。

间隙配合时,孔的公差带在轴的公差带之上,如图2.7所示。

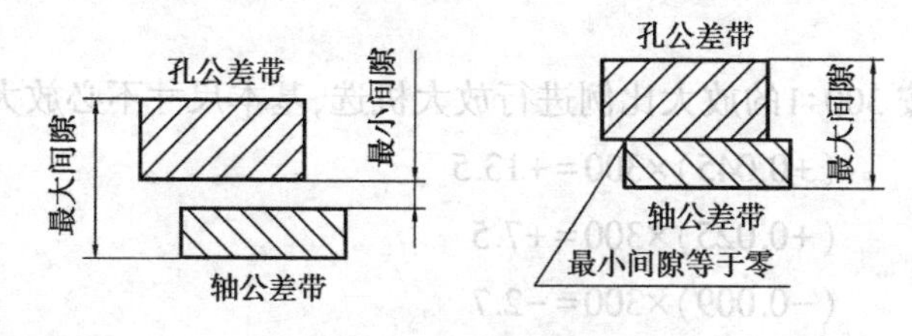

图2.7 间隙配合

由于孔、轴的实际尺寸允许在其公差带内变动,因而其配合的间隙也是变动的。当孔为最大极限尺寸而与其相配合的轴为最小极限尺寸时,配合处于最松状态,此时的间隙称为最大间隙,用X_{max}表示。当孔为最小极限尺寸而与其相配合的轴为最大极限尺寸时,配合处于最紧状态,此时的间隙称为最小间隙,用X_{min}表示。即

最大间隙:$X_{max}=D_{max}-d_{min}=ES-ei$

最小间隙:$X_{min}=D_{min}-d_{max}=EI-es$ (2.5)

最大间隙与最小间隙统称为极限间隙,它们表示间隙配合中允许间隙变动的两个界限值。孔、轴装配后的实际间隙在最大间隙和最小间隙之间。

间隙配合中,当孔的最小极限尺寸等于轴的最大极限尺寸时,最小间隙等于零,称为零间隙。

例2.5 现有一配合的孔和轴,孔的尺寸为$\phi50_{-0.02}^{+0.03}$ mm,轴的尺寸为$\phi50_{-0.06}^{-0.03}$ mm,求最大间隙和最小间隙。

解 由式2.5得

$$X_{max}=ES-ei=+0.03\text{ mm}-(-0.06)\text{mm}=+0.09\text{ mm}$$

$$X_{min}=EI-es=-0.02\text{ mm}-(-0.03)\text{mm}=+0.01\text{ mm}$$

2)过盈配合

总具有过盈(包括最小过盈等于零)的配合,称为过盈配合。

过盈配合时，孔的公差带在轴的公差带之下，如图 2.8 所示。

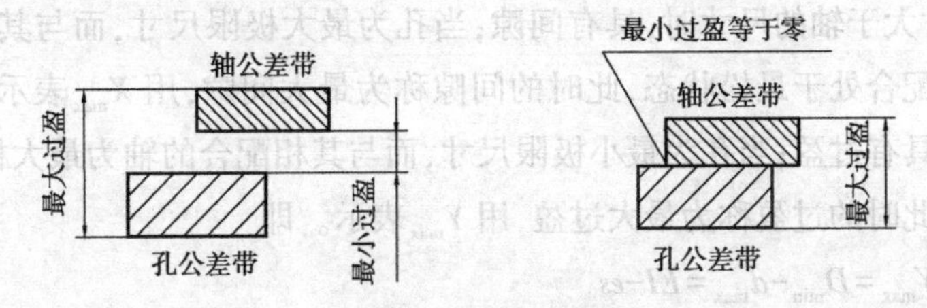

图 2.8　过盈配合

同样，由于孔、轴的实际尺寸允许在其公差带内变动，因而其配合的过盈也是变动的。当孔为最小极限尺寸而与其相配合的轴为最大极限尺寸时，配合处于最紧状态，此时的过盈称为最大过盈，用 $Y_{\max}$ 表示。当孔为最大极限尺寸而与其相配合的轴为最小极限尺寸时，配合处于最松状态，此时的过盈称为最小过盈，用 $Y_{\min}$ 表示。即

最大过盈：$Y_{\max}=D_{\min}-d_{\max}=EI-es$

最小过盈：$Y_{\min}=D_{\max}-d_{\min}=ES-ei$　　(2.6)

最大过盈与最小过盈统称为极限过盈，它们表示过盈配合中允许过盈变动的两个界限值。孔、轴装配后的实际过盈在最大过盈和最小过盈之间。

过盈配合中，当孔的最大极限尺寸等于轴的最小极限尺寸时，最小过盈等于零，称为零过盈。

例 2.6　有一配合的孔和轴，孔的尺寸为 $\phi 50_{-0.22}^{-0.13}$ mm，轴的尺寸为 $\phi 50_{+0.06}^{+0.13}$ mm，求最大过盈和最小过盈。

解　由式(2.6)得

$$Y_{\max}=EI-es=-0.22\text{ mm}-(+0.13)\text{ mm}=-0.35\text{ mm}$$

$$Y_{\min}=ES-ei=-0.13\text{ mm}-(+0.06)\text{ mm}=-0.07\text{ mm}$$

3) 过渡配合

可能具有间隙或过盈的配合，称为过渡配合。

过渡配合时，孔的公差带与轴的公差带相互重叠，如图 2.9 所示。

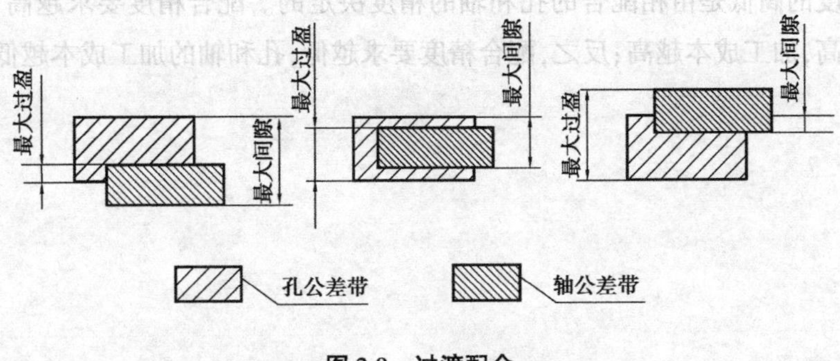

图 2.9　过渡配合

同样,由于孔、轴的实际尺寸允许在其公差带内变动,因而其配合的过渡情况也是变动的。当孔的尺寸大于轴的尺寸时,具有间隙;当孔为最大极限尺寸,而与其相配合的轴为最小极限尺寸时,配合处于最松状态,此时的间隙称为最大间隙,用 X_{max} 表示。当孔的尺寸小于轴的尺寸时,具有过盈;当孔为最小极限尺寸,而与其相配合的轴为最大极限尺寸时,配合处于最紧状态,此时的过盈称为最大过盈,用 Y_{max} 表示。即

最大过盈:$Y_{max}=D_{min}-d_{max}=EI-es$

最大间隙:$X_{max}=D_{max}-d_{min}=ES-ei$ (2.7)

过渡配合中也可能出现孔的尺寸减轴的尺寸为零的情况。这个零值可称为零间隙,也可称为零过盈,但它不能代表过渡配合的性质特征,而代表过渡配合松紧程度的特征值是最大间隙和最大过盈。

例 2.7 有一配合的孔和轴,孔的尺寸为 $\phi100^{+0.054}_{0}$ mm,轴的尺寸为 $\phi100^{+0.038}_{+0.003}$ mm,求最大过盈和最大间隙。

解 由式(2.7)得

$$Y_{max} = EI - es = 0 - (+0.038)\text{ mm} = -0.038\text{ mm}$$

$$X_{max} = ES - ei = +0.054\text{ mm} - (+0.003)\text{ mm} = +0.051\text{ mm}$$

(4)配合公差

配合公差是允许间隙或过盈的变动量。它表明配合松紧程度的变化范围,配合公差用 T_f 表示。

对于间隙配合,配合公差等于最大间隙减最小间隙之差;对于过盈配合,配合公差等于最小过盈减最大过盈之差;对于过渡配合,配合公差等于最大间隙减最大过盈之差。

间隙配合: $T_f=|X_{max}-X_{min}|$

过盈配合: $T_f=|Y_{min}-Y_{max}|$

过渡配合: $T_f=|X_{max}-Y_{max}|$ (2.8)

配合公差又等于组成配合的孔和轴的公差之和,即

$$T_f = T_h + T_s \tag{2.9}$$

配合精度的高低是由相配合的孔和轴的精度决定的。配合精度要求越高,孔和轴的精度要求也越高,加工成本越高;反之,配合精度要求越低,孔和轴的加工成本越低。

学习评价表

考核项目	考核要求	配　分	得　分
1.分别求出图中零件的极限尺寸、极限偏差及公差 $\phi25^{+0.028}_{+0.007}$　$\phi32^{-0.009}_{-0.034}$　10 ± 0.013	算出1个得3分	45分	
2.画出孔 $\phi48^{+0.045}_{+0.015}$ mm、轴 $\phi48^{\ 0}_{-0.015}$ mm 的公差带图	画出得25分	25分	
3.配合的种类有哪些？写出配合盈隙、配合公差的计算公式	写出1个得3分	30分	
总　计			

任务2.2　公差带的标准化

●任务要求

1.理解标准公差等级和基本尺寸的分段。

2.理解基本偏差的含义及代号。

3.掌握公差带配合代号及选用。

4.理解基孔制与基轴制。

●任务实施

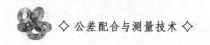

2.2.1 标准公差系列

国家标准《极限与配合》中所规定的任一公差称为标准公差。

标准公差数值,见表2.1。从表2.1可知,标准公差的数值与两个因素有关,即标准公差等级和基本尺寸分段。

表2.1 标准公差数值

基本尺寸/mm		标准公差等级																	
		IT1	IT2	IT3	IT4	IT5	IT6	IT7	IT8	IT9	IT10	IT11	IT12	IT13	IT14	IT15	IT16	IT17	IT18
大于	至	μm											mm						
—	3	0.8	1.2	2	3	4	6	10	14	25	40	60	0.1	0.14	0.25	0.4	0.6	1	1.4
3	6	1	1.5	2.5	4	5	8	12	18	30	48	75	0.12	0.18	0.3	0.48	0.75	1.2	1.8
6	10	1	1.5	2.5	4	6	9	15	22	36	58	90	0.15	0.22	0.36	0.58	0.9	1.5	2.2
10	18	1.2	2	3	5	8	11	18	27	43	70	110	0.18	0.27	0.43	0.7	1.1	1.8	2.7
18	30	1.5	2.5	4	6	9	13	21	33	52	84	130	0.21	0.33	0.52	0.84	1.3	2.1	3.3
30	50	1.5	2.5	4	7	11	16	25	39	62	100	160	0.25	0.39	0.62	1.0	1.6	2.5	3.9
50	80	2	3	5	8	13	19	30	46	74	120	190	0.3	0.46	0.74	1.2	1.9	3.0	4.6
80	120	2.5	4	6	10	15	22	435	54	87	140	220	0.35	0.54	0.87	1.4	2.2	3.5	5.4
120	180	3.5	5	8	12	18	25	40	63	100	160	250	0.4	0.63	1.0	1.6	2.5	4.0	6.3
180	250	4.5	7	10	14	20	29	46	72	115	185	290	0.46	0.72	1.15	1.85	2.9	4.6	7.2
250	315	6	8	12	16	23	32	52	81	130	210	320	0.52	0.81	1.3	2.1	3.2	5.2	8.1
315	400	7	9	13	18	25	36	57	89	140	230	360	0.57	0.89	1.4	2.3	3.6	5.7	8.9
400	500	8	10	15	20	27	40	63	97	155	250	400	0.63	0.97	1.55	2.5	4	6.3	9.7

(1)标准公差等级

确定尺寸精确程度的等级称为公差等级。

各种机器零件上不同部位的作用不同,要求尺寸的精确程度就不同。有的尺寸要求必须制造得很精确,有的尺寸则不必那么精确。为了满足生产的需要,国家标准设置了20个公差等级,即IT01,IT0,IT1,IT2,IT3,…,IT18。"IT"表示标准公差,阿拉伯数字表示公差等级。IT01精度最高,其余精度依次降低,IT18精度最低。

公差等级越高,零件的精度越高,使用性能也越高,但加工难度大,生产成本高;公差等级越低,零件精度越低,使用性能越低,但加工难度减小,生产成本降低。因而要同时考虑零件的使用要求和加工经济性能这两个因素,合理确定公差等级。

(2)基本尺寸分段

标准公差数值还与基本尺寸分段有关,当公差等级相同时,标准公差值随着基本尺寸的

增大而增大。如果每有一个基本尺寸就有一个相对应的公差值,这样就使公差按基本尺寸进行分段,见表2.2。

表2.2　基本尺寸分段

主段落		中间段落		主段落		中间段落	
大于	到	大于	到	大于	到	大于	到
—	3			120	180	12	140
3	6					140	160
6	10					160	180
10	18	10	14	250	315	250	280
		14	18			280	315
18	30	18	24	315	400	315	355
		24	30			355	400
30	50	30	40				
		40	50				
50	80	50	65	400	500	400	450
		65	80			450	500
80	120	80	100				
		100	120				

2.2.2　基本偏差系列

(1)基本偏差及其代号

1)基本偏差

基本偏差是确定公差带位置的参数,是指国家标准《极限与配合》中所规定的,用来确定公差带相对零线位置最近的那个极限偏差,它可以是上偏差,也可以是下偏差,如图2.10所示。

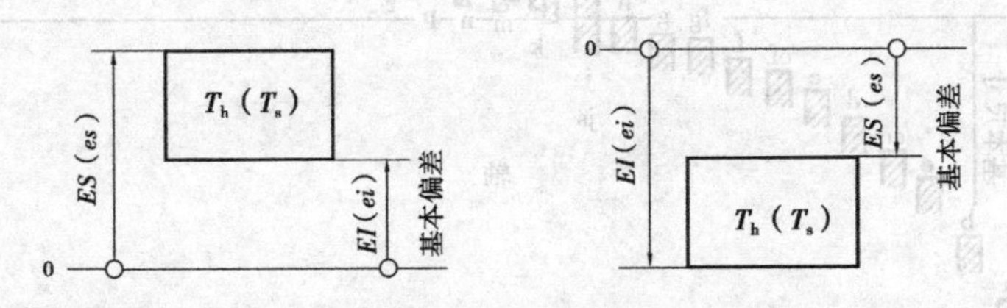

图2.10　基本偏差

2)基本偏差代号

基本偏差的代号用拉丁字母表示,大写字母表示孔的基本偏差,小写字母表示轴的基本偏差。为了不与其他代号相混淆,在 26 个字母中去掉了 I,L,O,Q,W(i,l,o,q,w)5 个字母,又增加了 7 个双写字母 CD,EF,FG,JS,ZA,ZB,ZC(cd,ef,fg,js,za,zb,zc)。这样孔和轴各有 28 个基本偏差代号,见表 2.3。

表 2.3 孔和轴的基本偏差代号

孔	A	B	C	D	E	F	G	H	J	K	M	N	P	R	S	T	U	V	X	Y	Z	
			CD		EF	FG			JS											ZA	ZB	ZC
轴	a	b	c	d	e	f	g	h	j	k	m	n	p	r	s	t	u	v	x	y	z	
			cd		ef	fg			js											za	zb	zc

(2)基本偏差系列图及其特征

如图 2.11 所示为基本偏差系列图,它表示基本尺寸相同的 28 种孔、轴的基本偏差相对零线的位置关系。此图只表示公差带位置,不表示公差带大小。因此,图 2.11 中公差带只画了靠近零线的一端,另一端是开口的,开口端的极限偏差由标准公差确定。

从图 2.11 基本偏差系列图中可知:

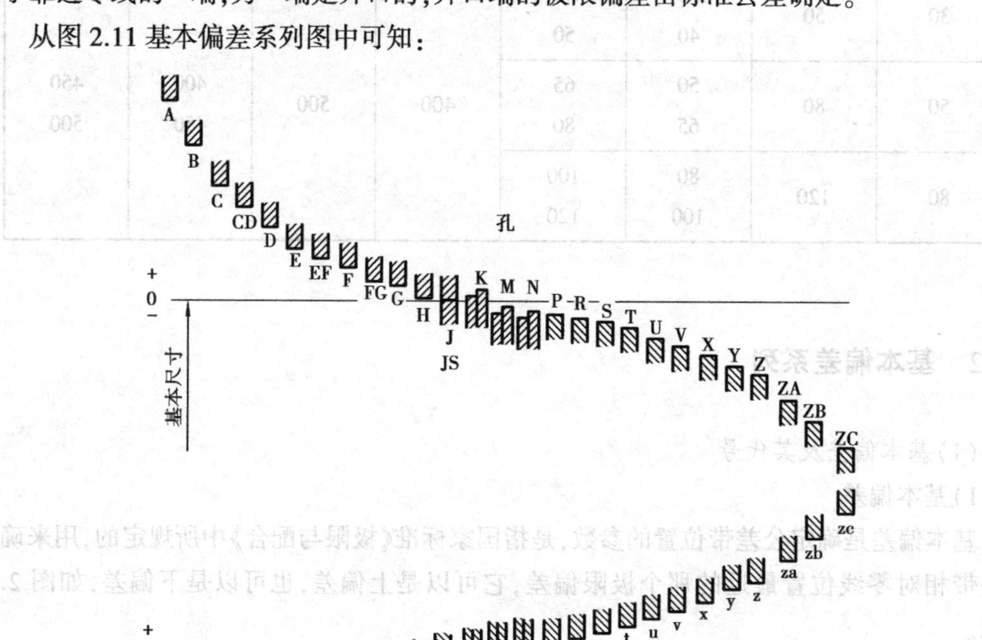

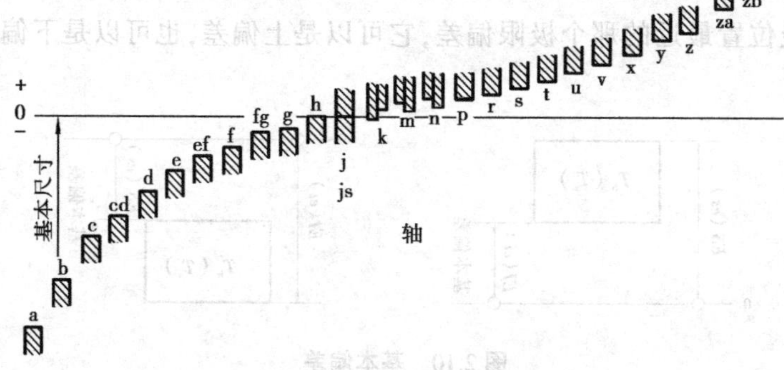

图 2.11 基本偏差系列图

孔和轴相同字母的基本偏差相对零线基本呈对称分布。

基本偏差代号为 JS 和 js 的公差带，在各公差等级中完全对称于零线。它们的基本偏差可以是上偏差，也可以是下偏差。为统一起见，在基本偏差数值表中将 js 划归为上偏差，将 JS 划归为下偏差。

代号为 k，K 和 N 的基本偏差的数值随公差等级的不同而分为两种情况（K，k 可为正值或零值，N 可为负值或零值），而代号为 M 的基本偏差数值随公差等级不同则有 3 种不同的情况（正值、负值或零值）。

2.2.3　公差带代号与配合代号

(1) 公差带代号

1) 公差带代号

孔、轴的公差带代号由基本偏差代号和公差等级数字组成。

例如，K8，D6，M9 等为孔的公差带代号；h8，d10，g6，b7 等为轴的公差带代号。

2) 公差带代号的标注

通过查表和计算就可以确定孔、轴的极限偏差。根据国家标准规定，孔、轴公差带的表示方法有以下 3 种：

①公差带代号表示法。如孔 $\phi50F8$。

②极限偏差表示法。如孔 $\phi50^{+0.064}_{+0.025}$。

③组合表示法。如孔 $\phi50F8\left(^{+0.064}_{+0.025}\right)$。

除基本尺寸 $\phi50$ 必须标出外，第一种只标注公差带代号 F8；第二种只标注上、下偏差；第三种既标注公差带代号 F8，又标注上、下偏差。这 3 种在图样上都是允许使用的，如图 2.12所示。

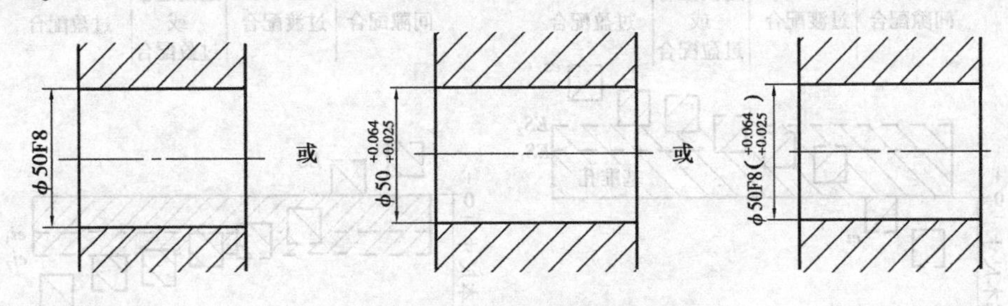

图 2.12　公差带代号的标注

(2) 配合代号

1) 配合代号

国家标准规定，配合代号用孔、轴公差带代号的组合表示，写成分数形式，分子为孔的公差带代号，分母为轴的公差带代号，如 H8/f7。

2) 配合代号的标注

在图样上标注时，配合代号标注在基本尺寸之后，表示方法可采用如图 2.13 所示的示例之一。

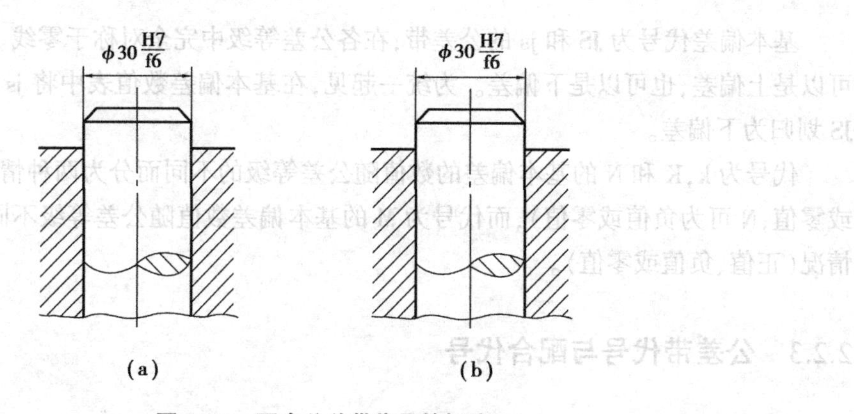

图 2.13　配合公差带代号的标注

2.2.4　配合制的分类与公差带与配合代号的优先选用

(1) 配合制

1) 基孔制配合

基本偏差为一定的孔的公差带,与不同基本偏差的轴的公差带形成各种配合的一种制度,称为基孔制。

基孔制中的孔是配合的基准件,称为基准孔。基准孔的基本偏差代号为"H",它的基本偏差为下偏差,其数值为零,上偏差为正值,其公差带位于零线上方并紧邻零线,如图 2.14(a)所示。图 2.14(a)中基准孔的上偏差用虚线画出,以表示其公差带大小随不同公差等级变化。

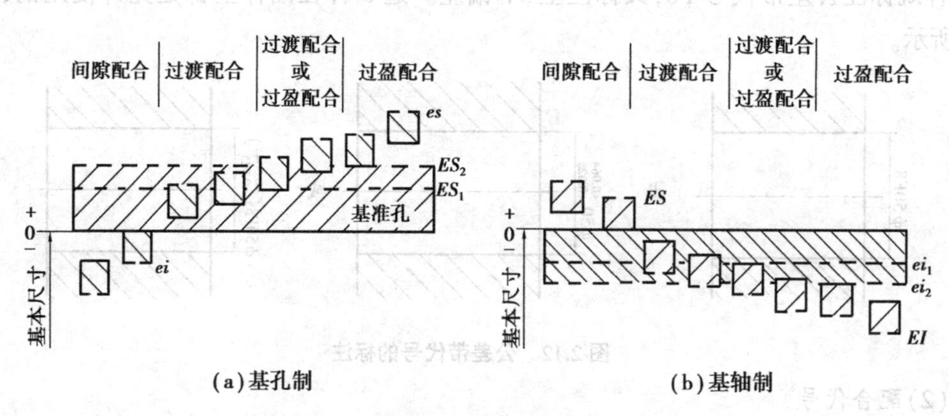

图 2.14　基准制配合

基孔制中的轴是非基准件,由于轴的公差带相对零线可有各种不同的位置,因而可形成各种不同性质的配合。

2) 基轴制配合

基本偏差为一定的轴的公差带,与不同基本偏差的孔的公差带形成各种配合的一种制度,称为基轴制。

基轴制中的轴是配合的基准件，称为基准轴。基准轴的基本偏差代号为“h”，它的基本偏差为上偏差，其数值为零，下偏差为负值，其公差带位于零线下方并紧邻零线，如图 2.14(b)所示。图 2.14(b)中基准轴的下偏差用虚线画出，以表示其公差带大小随不同公差等级变化。

基轴制中的孔是非基准件，由于孔的公差带相对零线可有各种不同的位置，因而可形成各种不同性质的配合。

3)混合配合

在实际生产中，根据需求有时也采用非基准孔与非基准轴相配合，这种没有基准件的配合称为混合配合。

(2)公差带与配合代号的优先选用

国家标准规定 20 个公差等级的标准公差和 28 种基本偏差，可组成很多种公差带(孔有 543 种、轴有 544 种)。由孔的 543 种公差带与轴的 544 种公差带又能组成近 30 万种配合，但在实际生产中，公差带的数量过多，既不利于标准化应用，也不利于生产。国家标准规定，在满足我国实际需要的前提下，为尽可能减少零件以及定制刀具、量具和工艺装备的品种规格，对所选用的公差带与配合作了必要的限制(见图 2.15、图 2.16、表 2.4 及表 2.5)。

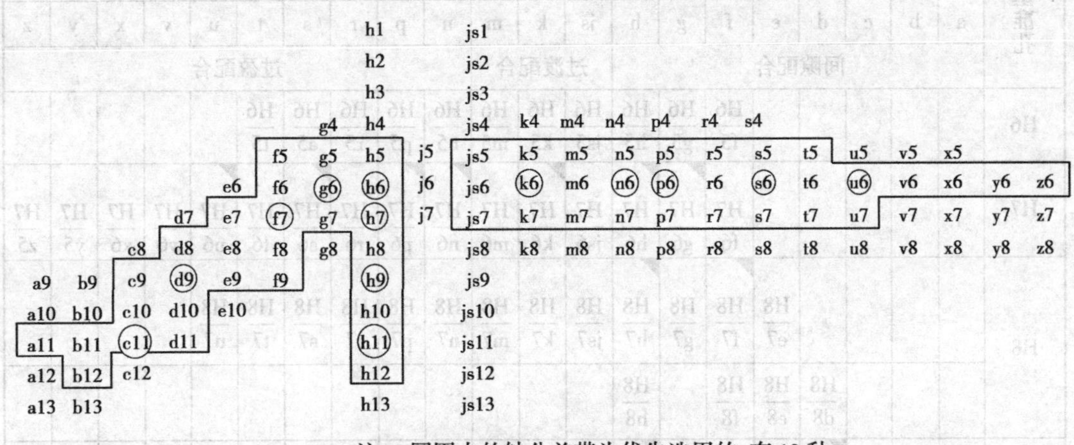

注：1.圆圈中的轴公差带为优先选用的，有 13 种

2.方框中的轴公差带为常用的，有 59 种

3.一般用途的轴公差带有 119 种

图 2.15　尺寸≤500 mm 的轴的一般、常用和优先公差带

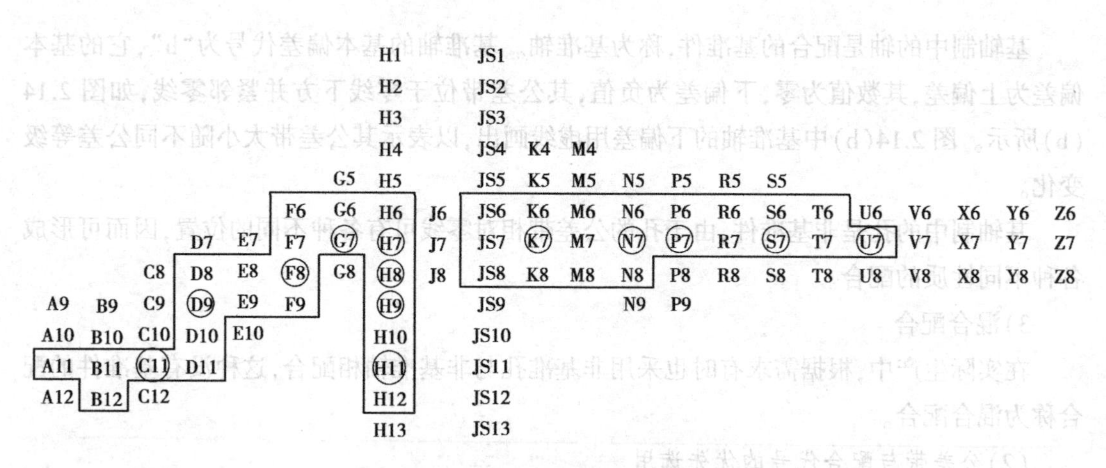

注:1.圆圈中的孔公差带为优先选用的,有 13 种

2.方框中的孔公差带为常用的,有 44 种

3.一般用途的孔公差带有 105 种

图 2.16 尺寸≤500 mm 的孔的一般、常用和优先公差带

表 2.4 基孔制优先、常用配合

基准孔	轴																				
	a	b	c	d	e	f	g	h	js	k	m	n	p	r	s	t	u	v	x	y	z
	间隙配合								过渡配合				过盈配合								
H6						H6/f5	H6/g5	H6/h5	H6/js5	H6/k5	H6/m5	H6/n5	H6/p5	H6/r5	H6/a5	H6/t5					
H7						H7/f6	◤H7/g6	◤H7/h6	H7/js6	◤H7/k6	H7/m6	◤H7/n6	◤H7/p6	H7/r6	◤H7/s6	H7/t6	◤H7/u6	H7/v6	H7/x6	H7/y5	H7/z5
H8					H8/e7	◤H8/f7	H8/g7	◤H8/h7	H8/js7	H8/k7	H8/m7	H8/n7	H8/p7	H8/r7	H8/s7	H8/t7	H8/u7				
				H8/d8	H8/e8	H8/f8		H8/h8													
H9			H9/c9	◤H9/d9	H9/e9	H9/f9		H9/h9													
H10			H10/c10	H10/d10				H10/h10													
H11	H11/a11	H11/b11	◤H11/c11	H11/d11				◤H11/h11													
H12		H12/b12						H12/h12													

注:1. $\frac{H7}{p6}$, $\frac{H6}{n5}$在基本尺寸≤3 mm 和$\frac{H8}{s7}$在基本尺寸≤10 mm 时,为过渡配合。

2.带"◤"符号的配合为优先配合 13 种。

3.常用配合 59 种。

表 2.5　基轴制优先、常用配合

基准轴	孔																				
	A	B	C	D	E	F	G	H	JS	K	M	N	P	R	S	T	U	V	X	Y	Z
	间隙配合								过渡配合					过盈配合							
h5						F6/h5	G6/h5	H6/h5	JS6/h5	K6/h5	M6/h5	N6/h5	P6/h5	R6/h5	S6/h5	T6/h5					
h6						F7/h6	G7/h6	H7/h6	JS7/h6	K7/h6	M7/h6	N7/h6	P7/h6	R7/h6	S7/h6	T7/h6	U7/h6				
h7					E8/h7	F8/h7		H8/h7	JS8/h7	K8/h7	M8/h7	N8/h7									
h8				D8/h8	E8/h8	F8/h8		H8/h8													
h9				D9/h9	E9/h9	F9/h9		H9/h9													
h10				D10/h10				H10/h10													
h11	A11/h11	B11/h11	C11/h11	D11/h11				H11/h11													
h12		B12/h12						H12/h12													

注：带◤符号的配合为优先配合 13 种，常用配合 47 种。

●任务拓展

孔、轴极限偏差数值的选定

(1)基本偏差的数值

基本偏差是确定公差带的位置，国家标准对孔和轴各规定了 28 种基本偏差，标准中列出了轴的基本偏差数值见表 2.6 和孔的基本偏差数值见表 2.7。

查表时，应注意以下 4 点：

①基本偏差代号有大、小写之分，大写的查孔的基本偏差数值表，小写的查轴的基本偏差数值表。

②查基本尺寸时，对于处于基本尺寸段界限位置上的基本尺寸该属于哪个尺寸段，不要弄错。例如，$\phi 10$ 应查“大于 6 至 10”一行，而不应查“大于 10 至 18”一行。

③分清基本偏差是上偏差还是下偏差。

④代号 j,k,J,K,M,N,P~ZC 的基本偏差数值与公差等级有关,查表时应根据基本偏差代号和公差等级查表中相应的列。

(2)另一极限偏差的确定

基本偏差决定了公差带中的一个极限偏差,即靠近零线的那个偏差,从而确定了公差带的位置,而另一个极限偏差的数值,可由极限偏差和标准公差的关系进行计算。

对于孔

$$EI = ES - IT \text{ 或 } ES = EI + IT$$

对于轴

$$ei = es - IT \text{ 或 } es = ei + IT$$

例 2.8 查表确定 $\phi35j6$,$\phi72K8$,$\phi90R7$ 的基本偏差与另一极限偏差。

解 1)$\phi35j6$:

①由 IT6 查表 2.1 得公差值 $IT=16\ \mu m$。

②按基本偏差代号 j 查表 2.6 得基本偏差 $ei=-5\ \mu m=-0.005$ mm。

③另一极限偏差 $es=ei+IT=+11\ \mu m=+0.011$ mm。

即 $\phi35j6$ 可以表示为 $\phi35^{+0.011}_{-0.005}$。

2)$\phi72K8$:

①由 IT8 查表 2.1 得公差值 $IT=46\ \mu m$。

②按基本偏差代号 K 查表 2.7 得基本偏差为

$$ES = -2\ \mu m + \Delta = (-2 + 16)\ \mu m = 14\ \mu m = +0.014\ mm$$

③另一极限偏差为

$$EI = ES - IT = (14 - 46)\ \mu m = -32\ \mu m = -0.032\ mm$$

即 $\phi72K8$ 也可以表示为 $\phi72^{+0.014}_{-0.032}$。

3)$\phi90R7$:

①由 IT7 查表 2.1 得公差值 $IT=35\ \mu m$。

②按基本偏差代号 K 查表 2.7 得基本偏差为

$$ES = -51\ \mu m + \Delta = (-51 + 16)\ \mu m = -38\ \mu m = -0.038\ mm$$

③另一极限偏差 $EI=ES-IT=(-38-35)\ \mu m=-73\ \mu m=-0.073$ mm。

即 $\phi72K8$ 也可以表示为 $\phi72^{-0.038}_{-0.073}$。

表 2.6　轴的基本偏差系列

基本偏差		上偏差 *es*											js	下偏差 *ei*		
		a	b	c	cd	d	e	ef	f	fg	g	h		j		
基本尺寸 /mm		公差等级														
大于	至	所有等级												5,6	7	8
—	3	-270	-140	-60	-34	-20	-14	-10	-6	-4	-2	0		-2	-4	-6
3	6	-270	-140	-70	-46	-30	-20	-14	-10	-6	-4	0		-2	-4	—
6	10	-280	-150	-80	-56	-40	-25	-18	-13	-8	-5	0		-2	-5	—
10	14	-290	-150	-95	—	-50	-32	—	-16	—	-6	0		-3	-6	—
14	18															
18	24	-300	-160	-110	—	-65	-40	—	-20	—	-7	0		-4	-8	—
24	30															
30	40	-310	-170	-120	—	-80	-50	—	-25	—	-9	0		-5	-10	—
40	50	-320	-180	-130												
50	65	-340	-190	-140	—	-100	-60	—	-30	—	-10	0		-7	-12	—
65	80	-360	-200	-150												
80	100	-380	-220	-170	—	-120	-72	—	-36	—	-12	0	偏差 = $\pm\frac{IT}{2}$	-9	-15	—
100	120	-410	-240	-180												
120	140	-460	-260	-200	—	-145	-85	—	-43	—	-14	0		-11	-18	—
140	160	-520	-280	-210												
160	180	-580	-310	-230												
180	200	-660	-340	-240	—	-170	-100	—	-50	—	-15	0		-13	-21	—
200	225	-740	-380	-260												
225	250	-820	-420	-280												
250	280	-920	-480	-300	—	-190	-110	—	-56	—	-17	0		-16	-26	—
280	315	-1 050	-540	-330												
315	355	-1 200	-600	-360	—	-210	-125	—	-62	—	-18	0		-18	-28	—
355	400	-1 350	-680	-400												
400	450	-1 500	-760	-440	—	-230	-135	—	-68	—	-20	0		-20	-32	—
450	500	-1 650	-840	-480												

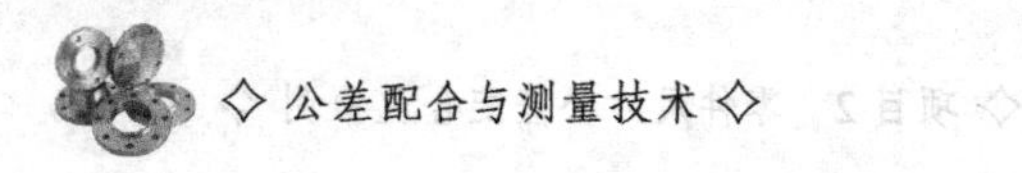

续表

基本偏差		下偏差 *ei*															
		k		m	n	p	r	s	t	u	v	x	y	z	za	zb	zc
基本尺寸/mm		公差等级															
大于	至	4至7	≤3 >7	所有等级													
6	10	+1	0	+6	+10	+15	+19	+23	—	+28	—	+34	—	+42	+52	+67	+97
10	14	+1	0	+7	+12	+18	+23	+28	—	33	—	+40	—	+50	+64	+90	+130
14	18										—	+45	—	+60	+77	+108	+150
18	24	+2	0	+8	+15	+22	+28	+35	—	+41	+47	+54	+63	+73	+98	+136	+188
24	30								—	+48	+55	+64	+75	+88	+118	+160	+218
30	40	+2	0	+9	+17	+26	+34	+43	+48	+60	+68	+80	+94	+112	+148	+200	+274
40	50								+54	+70	+81	+97	+114	+136	+180	+242	+325
50	65	+2	0	+11	+20	+32	+41	+53	+66	+87	+102	+122	+144	+172	+226	+300	+405
65	80						+43	+59	+75	+102	+120	+146	+174	+210	+274	+360	+480
80	100	+3	0	+13	+23	+37	+51	+71	+91	+124	+146	+178	+214	+258	+335	+445	+585
100	120						+54	+79	+104	+144	+172	+210	+254	+310	+400	+525	+690
120	140	+3	0	+15	+27	+43	+63	+92	+122	+170	+202	+248	+300	+365	+470	+620	+800
140	160						+65	+100	+134	+190	+228	+280	+340	+415	+535	+700	+900
160	180						+68	+108	+146	+210	+252	+310	+380	+465	+600	+780	+1 000
180	200	+4	0	+17	+31	+50	+77	+122	+166	+236	+284	+350	+425	+520	+670	+880	+1 150
200	225						+80	+130	+180	+258	+310	+385	+470	+575	+740	+960	+1 250
225	280						+84	+140	+196	+284	+340	+425	+520	+640	+820	+1 050	+1 350
280	380	+4	0	+20	+34	+56	+94	+158	+218	+315	+385	+475	+580	+710	+920	+1 200	+1 550
380	355						+98	+170	+240	+350	+425	+525	+650	+790	+1 000	+1 300	+1 700
355	255	+4	0	+21	+37	+62	+108	+190	+268	+390	+475	+590	+730	+900	+1 150	+1 500	+1 900
255	400						+114	+208	+294	+435	+530	+660	+820	+1 000	+1 300	+1 650	+2 100
400	450	+5	0	+23	+40	+68	+126	+232	+330	+490	+595	+740	+920	+1 100	+1 450	+1 850	+2 400
450	500						+132	+252	+360	+540	+660	+820	+1 000	+1 250	+1 600	+2 100	+2 600

表 2.7　孔的基本偏差系列

基本尺寸/mm		基本偏差数值																				
		下偏差 *EI*												上偏差 *ES*								
		所有标准公差等级												IT6	IT7	IT8	≤IT8	>IT8	≤IT8	>IT8	≤IT8	>IT8
大于	至	A	B	C	CD	D	E	EF	F	FG	G	H	JS	J			K		M		N	
—	3	+270	+140	+60	+34	+20	+14	+10	+6	+4	+2	0	偏差=±$\frac{IT}{2}$,式中IT是IT值数	+2	+4	+6	0	0	-2	-2	-4	-4
3	6	+270	+140	+70	+46	+30	+20	+14	+10	+6	+4	0		+5	+6	+10	-1+Δ		-4+Δ	-4	-8+Δ	0
6	10	+280	+150	+80	+56	+40	+25	+18	+13	+8	+5	0		+5	+8	+12	-1+Δ		-6+Δ	-6	-10+Δ	0
10	14	+290	+150	+95		+50	+32		+16		+6	0		+6	+10	+15	-1+Δ		-7+Δ	-7	-12+Δ	0
14	18																					
18	24	+300	+160	+110		+65	+40		+20		+7	0		+8	+12	+20	-2+Δ		-8+Δ	-8	-15+Δ	0
24	30																					
30	40	+310	+170	+120		+80	+50		+25		+9	0		+10	+14	+24	-2+Δ		-9+Δ	-9	-17+Δ	0
40	50	+320	+180	+130																		
50	65	+340	+190	+140		+100	+60		+30		+10	0		+13	+18	+28	-2+Δ		-11+Δ	-11	-20+Δ	0
65	80	+360	+200	+150																		
80	100	+380	+220	+170		+120	+72		+36		+12	0		+16	+22	+34	-3+Δ		-13+Δ	-13	-23+Δ	0
100	120	+410	+240	+180																		
120	140	+460	+260	+200		+145	+85		+43		+14	0		+18	+26	+41	-3+Δ		-15+Δ	-15	-27+Δ	0
140	160	+520	+280	+210																		
160	180	+580	+310	+230																		
180	200	+660	+340	+240		+170	+100		+50		+15	0		+22	+30	+47	-4+Δ		-17+Δ	-17	-31+Δ	0
200	225	+740	+380	+260																		
225	250	+820	+420	+280																		
250	280	+920	+480	+300		+190	+110		+56		+17	0		+25	+36	+55	-4+Δ		-20+Δ	-20	-34+Δ	0
280	315	+1 050	+540	+330																		
315	355	+1 200	+600	+360		+210	+120		+62		+18	0		+29	+39	+60	-4+Δ		-21+Δ	-21	-37+Δ	0
355	400	+1 350	+680	+400																		
400	450	+1 500	+760	+440		+230	+135		+68		+20	0		+33	+43	+66	-5+Δ		-23+Δ	-23	-40+Δ	0
450	500	+1 650	+840	+480																		
500	560					+260	+145		+76		+22	0					0		-26		-44	
560	630																					
630	710					+290	+160		+80		+24	0					0		-30		-50	
710	800																					
800	900					+320	+170		+86		+26	0					0		-34		-56	
900	1 000																					
1 000	1 120					+350	+195		+98		+28	0					0		-40		-66	
1 120	1 250																					
1 250	1 400					+390	+220		+110		+30	0					0		-48		-78	
1 400	1 600																					
1 600	1 800					+430	+240		+120		+32	0					0		-58		-92	
1 800	2 000																					
2 000	2 240					+480	+260		+130		+34	0					0		-68		-110	
2 240	2 500																					
2 500	2 800					+520	+290		+145		+38	0					0		-76		-135	
2 800	3 150																					

注：1.基本尺寸小于或等于 1 mm 时，基本偏差 A 和 B 及大于是 IT8 的 NF 均不采用。

2.公差带 JS7 至 JS11，或 IT 值数是奇数，则取偏差 $=\pm\frac{IT-1}{2}$。

续表

基本尺寸/mm		基本偏差数值													Δ值					
		上偏差 *ES*																		
		≤IT7	标准公差等级大于 IT7												标准公差等级					
大于	至	P 至 ZC	P	R	S	T	U	V	X	Y	Z	ZA	ZB	ZC	IT3	IT4	IT5	IT6	IT7	IT8
—	3	在大于IT7的相应数值上增加一个Δ值	-6	-10	-14		-18		-20		-26	-32	-40	-60	0	0	0	0	0	0
3	6		-12	-15	-19		-23		-28		-35	-42	-50	-80	1	1.5	1	3	4	6
6	10		-15	-19	-23		-28		-34		-42	-52	-67	-97	1	1.5	2	3	6	7
10	14		-18	-23	-28		-33		-40		-50	-64	-90	-130	1	2	3	3	7	9
14	18							-39	-45		-60	-77	-108	-150						
18	24		-22	-28	-35		-41	-47	-54	-63	-73	-98	-136	-188	1.5	2	3	4	8	12
24	30					-41	-48	-55	-64	-75	-88	-118	-160	-218						
30	40		-26	-34	-43	-48	-60	-68	-80	-94	-112	-148	-200	-274	1.5	3	4	5	9	14
40	50					-54	-70	-71	-97	-114	-136	-180	-242	-325						
50	65		-32	-41	-53	-66	-87	-102	-122	-144	-172	-226	-300	-405	2	3	5	6	10	16
65	80			-43	-59	-75	-102	-120	-146	-174	-210	-274	-360	-480						
80	100		-37	-51	-71	-91	-124	-146	-178	-214	-258	-335	-445	-585	2	4	5	7	13	19
100	120			-54	-79	-104	-144	-172	-210	-254	-310	-400	-525	-690						
120	140		-43	-63	-92	-122	-170	-202	-248	-300	-365	-470	-620	-800	3	4	6	7	15	23
140	160			-65	-100	-134	-190	-228	-280	-340	-415	-535	-700	-900						
160	180			-68	-108	-146	-210	-252	-310	-380	-465	-600	-780	-1 000						
180	200		-50	-77	-122	-166	-236	-284	-350	-425	-520	-670	-880	-1 150	3	4	6	9	17	26
200	225			-80	-130	-180	-258	-310	-385	-470	-575	-740	-960	-1 250						
225	250			-84	-140	-196	-284	-340	-425	-520	-640	-820	-1 050	-1 350						
250	280		-56	-94	-158	-218	-315	-385	-475	-580	-700	-920	-1 200	-1 550	4	4	7	9	20	29
280	315			-98	-170	-240	-350	-425	-525	-650	-790	-1 000	-1 300	-1 700						
315	355		-62	-108	-190	-268	-390	-475	-590	-730	-900	-1 150	-1 500	-1 900	4	5	7	11	21	32
355	400			-114	-280	-294	-435	-530	-660	-820	-1 000	-1 300	-1 650	-2 100						
400	450		-68	-126	-232	-330	-490	-595	-740	-920	-1 100	-1 450	-1 850	-2 400	5	5	7	13	23	34
450	500			-132	-252	-360	-540	-660	-820	-1 000	-1 250	-1 600	-2 100	-2 600						
500	560		-78	-150	-280	-400	-600													
560	630			-150	-310	-450	-660													
630	710		-88	-175	-340	-500	-740													
710	800			-185	-380	-560	-840													
800	900		-100	-210	-430	-620	-940													
900	1 000			-220	-470	-680	-1 050													
1 000	1 120		-120	-250	-520	-780	-1 150													
1 120	1 250			-260	-580	-840	-1 300													
1 250	1 400		-140	-300	-640	-960	-1 450													
1 400	1 600			-330	-720	-1 050	-1 600													
1 600	1 800		-170	-370	-820	-1 200	-1 850													
1 800	2 000			-400	-920	-1 350	-2 000													
2 000	2 240		-195	-440	-1 000	-1 500	-2 300													
2 240	2 500			-460	-1 100	-1 650	-2 500													
2 500	2 800		-240	-550	-1 250	-1 900	-2 900													
2 800	3 150			-580	-1 400	-2 100	-3 200													

3.对小于或等于 IT8 的 K,M,N 以及小于或等于 IT7 的 P 至 ZC,所需 Δ 值从表内右侧选取。

例如:

18~30 mm 段的 K7:Δ=8 μm,所以 *ES*=-2 μm+8 μm=+6 μm。

18~30 mm 段的 S6:Δ=4 μm,所以 *ES*=-35 μm+4 μm=-31 μm。

4.特殊情况:250~315 mm 段的 M6,*ES*=-9 μm(代替-11 μm)。

学习评价表

考核项目	考核要求	配　分	得　分
1.标准公差等级有几个？什么等级最高、什么等级最低	答对得 20 分	20 分	
2.公差带代号的组成、标注分别是什么内容	答对得 20 分	20 分	
3.配合代号的组成、表达形式、标注分别是什么内容	答对得 30 分	30 分	
4.配合制的分类,它们的区别是什么	答对得 30 分	30 分	
总　计			

任务 2.3　尺寸公差等级与配合制配合种类的选择

●任务要求

1. 了解配合制的选择。
2. 了解公差等级和配合种类的选择。

●任务实施

2.3.1　配合制的选择

(1) 一般情况下优先使用基孔制

因为中、小尺寸段的孔精加工一般采用铰刀、拉刀等定尺寸刀具,检验也多采用塞规等定尺寸量具,而轴的精加工不存在这类问题。因此,采用基孔制可大大减少定尺寸刀具和量具的品种和规格,有利于刀具和量具的生产和储备,从而降低成本。

在有些情况下可采用基轴制。如采用冷拔圆棒料作精度要求不高的轴,由于这种棒料外圆的尺寸、形状相当准确,表面光洁,因而外圆不需加工就能满足配合要求,这时采用基轴制在技术上、经济上都是合理的。

(2)与标准件配合时,配合制的选择通常依标准件而定

例如,滚动轴承内圈与轴的配合采用基孔制,而滚动轴承外圈与孔的配合采用基轴制,如图 2.17 所示。

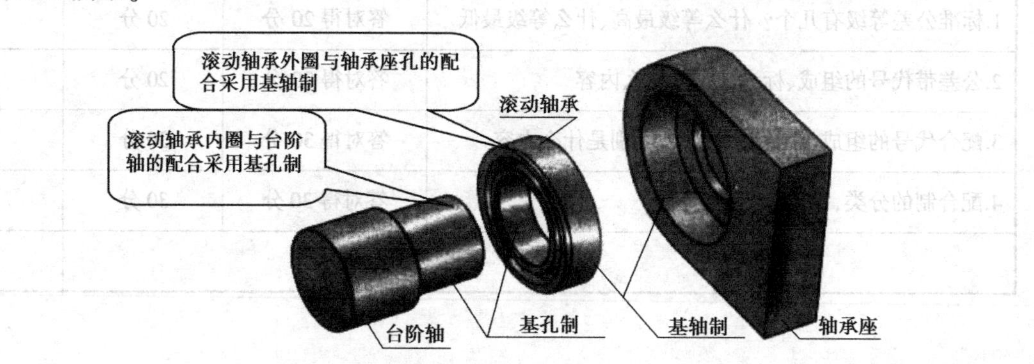

图 2.17 与滚动轴承配合的基准制选择

(3)为了满足配合的特殊要求,允许采用混合配合

如当机器上出现一个非基准孔(轴)与两个以上的轴(孔)要求组成不同性质的配合时,其中肯定至少有一个为混合配合。如图 2.18 所示为轴承座孔与轴承外径和端盖的配合,轴承外径与座孔的配合按规定为基轴制过渡配合,因而轴承座孔为非基准孔;而轴承座孔与端盖凸缘之间应是较低精度的间隙配合,此时凸缘公差带必须置于轴承座孔公差带的下方,因而端盖凸缘为非基准轴,因此,轴承座孔与端盖凸缘的配合为混合配合。

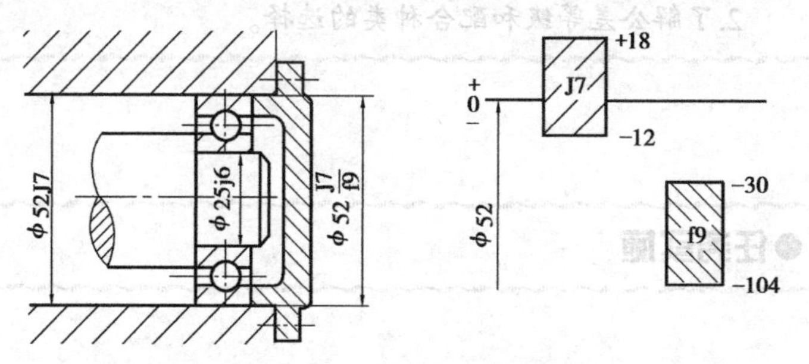

图 2.18 混合配合应用实例

2.3.2 公差等级的选择

公差等级的高低直接影响产品使用性能和制造成本。公差等级太低,产品质量得不到保证;公差等级过高,又增加制造成本。因此在选择公差等级时,要综合考虑使用性能和经济性两方面的因素,总的选择原则是:在满足使用要求的前提下,尽量选取低的公差等级。公差等级的选择主要采用类比法。表 2.8 可供选择时参考。

表 2.8　公差等级的应用范围

公差等级 应用	01	0	1	2	3	4	5	6	7	8	9	10	11	12	13	14	15	16	17	18
量块	—	—	—																	
量规			—	—	—	—	—	—	—											
特精零件				—	—	—	—													
配合尺寸							—	—	—	—	—	—	—	—						
非配合尺寸														—	—	—	—	—	—	—
原材料										—	—	—	—	—	—	—				

2.3.3　配合种类的选择

在一般情况下选用配合种类采用类比法，即与经过生产和使用验证后的某种配合进行比较，然后确定其配合种类。

采用类比法选择配合时，首先应了解该配合部位在机器中的作用、使用要求及工作条件，还应该掌握国家标准中各种基本偏差的特点，了解各种常用和优先配合的特征及应用场合，熟悉一些典型的配合实例。

采用类比法选用配合种类的步骤如下：

①首先根据使用要求，确定配合的类别，即确定是间隙配合、过盈配合，还是过渡配合。选择的基本原则见表 2.9。

表 2.9　配合类别选择的基本原则

<table>
<tr><td rowspan="4">无相对运动</td><td rowspan="3">要传递转矩</td><td rowspan="2">要精确同轴</td><td>永久结合</td><td>过盈配合</td></tr>
<tr><td>可拆结合</td><td>过渡配合或基本偏差为 H(h)的间隙配合加紧固件</td></tr>
<tr><td colspan="2">无须精确同轴</td><td>间隙配合加紧固件</td></tr>
<tr><td colspan="3">不传递转矩</td><td>过渡配合或小过盈配合</td></tr>
<tr><td rowspan="2">有相对运动</td><td colspan="3">只有移动</td><td>基本偏差为 H(h)，G(g)的间隙配合</td></tr>
<tr><td colspan="3">转动或转动和移动复合运动</td><td>基本偏差为 A—F(a—f)的间隙配合</td></tr>
</table>

②确定了类别后，再进一步选择配合的松紧。要注意优先选用优先配合，其次选用常用配合，然后是考虑一般配合。

③当实际工作条件与典型的配合的应用场合有所不同时，应对配合的松紧作适当的调整，最后确定选用哪种配合。

学习评价表

考核项目	考核要求	配　分	得　分
1.为什么一般情况下优先使用基孔制	答对得20分	20分	
2.公差等级的选用原则是什么	答对得20分	20分	
3.采用类比法选择配合时，应注意些什么	答对得30分	30分	
4.采用类比法选用配合种类的步骤是什么	答对得30分	30分	
总　计			

任务2.4　线性尺寸的一般公差

●任务要求

1.理解一般公差的概念和适用范围。

2.了解线性尺寸的一般公差的公差等级与数值。

●任务实施

设计时，对机器零件上各部位提出的尺寸、形状和位置等精度要求，取决于它们的使用功能要求。零件上的某些部位在使用功能上无特殊要求时，则可给出一般公差。

2.4.1　一般公差的概念

线性尺寸的一般公差是指在车间普通工艺条件下，机床设备一般加工能力可保证的公差。在正常维护和操作情况下，它代表经济加工精度。

国家标准规定，采用一般公差时，在图样上不单独注出公差，而是在图样上、技术文件或技术标准中作出总的说明。

采用一般公差时，在正常的生产条件下，尺寸一般可以不进行检验，而由工艺保证。如冲压件的一般公差由模具保证；短轴端面对轴线的垂直度，由机床的精度保证。

零件图样上采用一般公差后,可带来以下好处:一般零件上的多数尺寸属于一般公差,不予注出,这样可简化制图,使图样清晰易读;图样上突出了标有公差要求的部位,以便在加工和检测时引起重视,还可简化零件上某些部位的检测。

2.4.2　线性尺寸的一般公差标准

(1)适用范围

线性尺寸的一般公差标准既适用于金属切削加工的尺寸,也适用于一般承压加工的尺寸,非金属材料和其他工艺方法加工的尺寸也可参照采用。国家标准规定线性尺寸的一般公差适用于非配合尺寸。

(2)公差等级与数值

线性尺寸的一般公差规定了4个等级,即f(精密级)、m(中等级)、c(粗糙级)和v(最粗级)。线性尺寸的极限偏差数值见表2.10,倒圆半径与倒角高度的极限偏差数值见表2.11。

表2.10　线性尺寸一般公差的公差等级及其极限偏差数值

公差等级	尺寸分段							
	0.5~3	>3~6	>6~30	>30~120	>120~400	>400~1 000	>1 000~2 000	>2 000~4 000
f(精密级)	±0.05	±0.05	±0.1	±0.15	±0.2	±0.3	±0.5	—
m(中等级)	±0.1	±0.1	±0.2	±0.3	±0.5	±0.8	±1.2	±2
c(粗糙级)	±0.2	±0.3	±0.5	±0.8	±1.2	±2	±3	±4
v(最粗级)	—	±0.5	±1	±1.5	±2.5	±4	±6	±8

表2.11　倒圆半径与倒角高度尺寸一般公差的公差等级及其极限偏差数值

<table>
<tr><th rowspan="2">公差等级</th><th colspan="4">尺寸分段</th></tr>
<tr><th>0.5~3</th><th>>3~6</th><th>>6~30</th><th>>30</th></tr>
<tr><td>f(精密级)</td><td rowspan="2">±0.2</td><td rowspan="2">±0.5</td><td rowspan="2">±1</td><td rowspan="2">±2</td></tr>
<tr><td>m(中等级)</td></tr>
<tr><td>c(粗糙级)</td><td rowspan="2">±0.4</td><td rowspan="2">±1</td><td rowspan="2">±2</td><td rowspan="2">±4</td></tr>
<tr><td>v(最粗级)</td></tr>
</table>

(3)线性尺寸的一般公差的表示方法

在图样上、技术文件或技术标准中用线性尺寸的一般公差标准符号和公差等级符号表示;例如,当一般公差选用中等级时,可在零件图样上(标题栏上方)标明:未注公差尺寸按GB/T 1804—m处理。

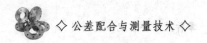

学习评价表

考核项目	考核要求	配　分	得　分
1.一般公差的概念是什么	答对得 30 分	30 分	
2.一般公差的适用范围是什么	答对得 30 分	30 分	
3.一般公差的公差等级是哪几个等级	答对得 40 分	40 分	
总　计			

实践与训练

一、填空题

1.尺寸由________和________两部分组成,如 30 mm,60 cm 等。

2.允许尺寸变化的两个界限值分别是__________和__________,它们统称为极限尺寸。

3.孔的上偏差用______表示,孔的下偏差用______表示;轴的上偏差用______ 表示,轴的下偏差用______表示。

4.尺寸公差简称______,它是指允许尺寸的______。

5.公差带的两要素是指公差带的________和公差带的________。

6.当孔的尺寸减去与其相配合的轴的尺寸之差为____时是间隙,为____时是过盈。

7.零件之间的配合按照配合性质分为____配合、____配合和过渡配合 3 种类型。

8.配合的基准制包括________、________和混合配合 3 种。

9.国家标准规定,尺寸公差等级共有____个,基本偏差代号共有____个。

10.基孔制的孔称为______,其代号为______。

11.公差代号由______和______数字组成。

二、判断题(用“√”表示对,“×”表示错,填入括号内)

1.某零件的实际尺寸正好等于其基本尺寸,则该尺寸必然合格。 (　　)

2.尺寸偏差是某一尺寸减其基本尺寸所得的代数差,因而尺寸偏差可为正值、负值或零。 (　　)

3.合格尺寸的实际偏差一定在上偏差与下偏差之间。 (　　)

4.公差是允许尺寸的变动量,它没有正负的含义且不能为零,是代数差。 (　　)

5.在尺寸公差带图中,零线以上为上偏差,零线以下为下偏差。 (　　)

6.相互配合的孔和轴,其基本尺寸必然相同。 (　　)

7.孔和轴的加工精度越高,其配合精度就越高。 (　　)

8.测量误差是不可避免的。 (　　)

9.尺寸的精确程度是看公差数值的大小。 (　　)

10.H9/c9 是基孔制的间隙配合。 (　　)

三、选择题

1.某尺寸实际偏差为零。下列结论正确的是(　　)。

A.该实际尺寸为基本尺寸,一定合格　　B.该实际尺寸为基本尺寸,为零件的真实尺寸

C.该实际尺寸等于基本尺寸

2.尺寸的最大极限尺寸等于(　　)。

A.基本尺寸-上偏差　　B.基本尺寸+上偏差　　C.基本尺寸+下偏差

3.最大极限尺寸减去其基本尺寸所得的代数差为(　　)。

A.上偏差　　B.下偏差　　C.基本偏差　　D.实际偏差

4.尺寸 $50_{-0.062}^{0}$ 的下偏差为(　　)mm。

A.$ES=0.062$　　B.$es=+0.062$　　C.$EI=0$　　D.$ei=0.062$

5.当上偏差或下偏差为零时,在图样上(　　)。

A.必须标出零值　　B.不能标出零值　　C.标或不标皆可

6.对公差,下列说法正确的是(　　)。

A.公差只能大于零,故公差值前面就标“+”号

B.公差只能大于零,公差没有正负的含义,故公差值前面不应标“+”号

C.公差不能为负,但可为零值

7.在公差带图中,零线用来表示(　　)。

A.最大极限尺寸　　B.基本尺寸　　C.最小极限尺寸

8.基本偏差是(　　)。

A.上偏差　　B.下偏差　　C.上偏差或下偏差

9.某对配合的孔和轴,测得 $D_a=40.013$,$d_a=40.012$,则孔轴的配合性质是(　　)。

A.间隙配合　　B.过盈配合

10.公差的大小由(　　)确定。

A.实际偏差　　B.基本偏差　　C.标准公差

11.当轴的下偏差大于与其相配合的孔的上偏差时,此配合性质是(　　)。

A.间隙配合　　B.过渡配合　　C.过盈配合　　D.无法确定

12.下列各关系式中,能确定孔与轴的配合为间隙配合的是(　　)。

A.$EI \geq es$　　B.$ES \leq ei$　　C.$EI>ei$　　D.$EI<ei<ES$

13.下列关系式表达正确的是(　　)。

A.$T_f=+0.023$ mm　　B.$X_{max}=0.045$ mm

C.$ES=0.024$ mm　　D.$es=-0.020$ mm

14.国家标准将尺寸的公差等级分为20级,其中(　　)精度最高。

A.IT12　　B.IT01　　C.TI18

15.尺寸20h7是(　　)的轴。

A.基轴制　　B.基孔制　　C.非基准制

四、综合题

1.看图回答下面公差带图中,是属于间隙配合、过盈配合还是过渡配合?

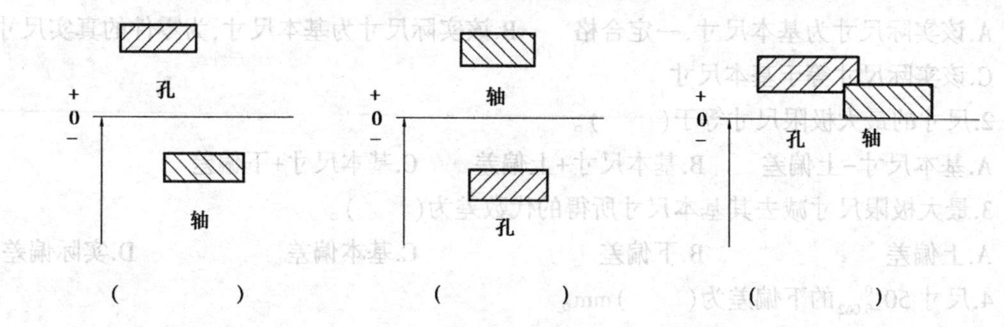

(　　　　)　　(　　　　)　　(　　　　)

2.画出下列配合的孔轴公差带图,判断配合类型,再计算极限间隙或极限过盈以及配合公差。

孔为$\phi70^{+0.045}_{+0.011}$ mm,轴为$\phi70^{\ 0}_{-0.004\,5}$ mm。

项目 3

零件形状公差和位置公差及检测

●项目概述

本项目是学习零件形状和位置技术要求的重要部分。本项目讲解了形位公差概述,形位公差的标注方法,形位误差及形位公差带 ,形位公差标注示例、读法及常用检测方法,以及公差原则。要求学生掌握形位公差的项目及符号,能够熟练地标注简单的形位公差,并能识读形位公差。

●项目内容

形位公差的项目及符号、形位公差的标注方法、形位误差及形位公差带 、形位公差标注示例、读法及常用检测方法、公差原则。

●项目目标

掌握形位公差的项目及符号;掌握形位公差的标注方法,能够熟练地标注简单的形位公差;掌握形位误差及形位公差带;能够识读形位公差,并了解常用的检测方法;了解公差原则。

任务 3.1　概　述

●任务要求

认识形位公差的项目及符号。

●任务实施

3.1.1　零件的几何要素

(1)零件的几何要素的定义

几何要素是指构成零件几何特征的点、线、面的总称。如图 3.1 所示,该零件由两点(球心、锥顶)、三线(圆柱素线、圆锥素线、轴线)、四面(球面、圆锥面、圆柱面、台阶面或端面)所构成。

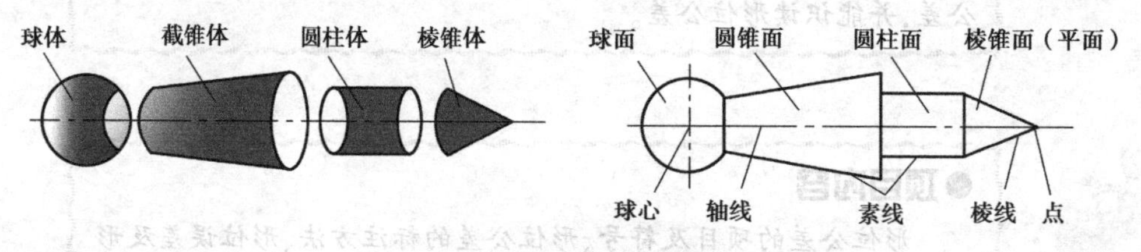

图 3.1　零件的几何要素

(2)零件几何要素的分类

零件的几何要素,可以按照表 3.1 中 3 种方式进行分类。

表 3.1　零件几何要素的分类

分类方式	种　类	定　义	说　明
按存在的状态分类	理想要素	具有几何意义的要素(图样上的点、线、面)	绝对准确。不存在任何形位误差,用来表达设计的理想要求
	实际要素	零件上实际存在的要素(加工后得到的要素)	由于加工误差的存在,实际要素具有几何误差。标准规定,零件实际要素在测量时用测得要素来代替

续表

分类方式	种　类	定　义	说　明
按在形位公差中所处的地位分类	被测要素	图样上给出了形状或(和)位置的要素	如图3.2所示的 ϕd_1 圆柱面给出了圆柱要求，ϕd_2 圆柱的轴线对 ϕd_1 圆柱的轴线给出了同轴度要求，台阶面对 $\phi d1$ 圆柱的轴线给出了垂直度要求，因此 ϕd_1 圆柱面、ϕd_2 圆柱面的轴线和台阶面就是被测要素
	基准要素	用来确定被测要素的方向(和)位置的要素	如图3.2所示的 ϕd_1 圆柱的轴线是 ϕd_2 圆柱的轴线和台阶面的基准要素
按几何特征分类	轮廓要素	构成零件外形的点、线、面	是可见的，能直接为人们所感觉到的，如图3.1所示的圆柱面、圆锥面、球面、素线、锥顶
	中心要素	表示轮廓要素的对称中心的点、线、面	虽不可见，不能为人们所直接感觉到，但可通过相应的轮廓要素来模拟体现，如图3.2所示的 ϕd_1，ϕd_2 圆柱轴线

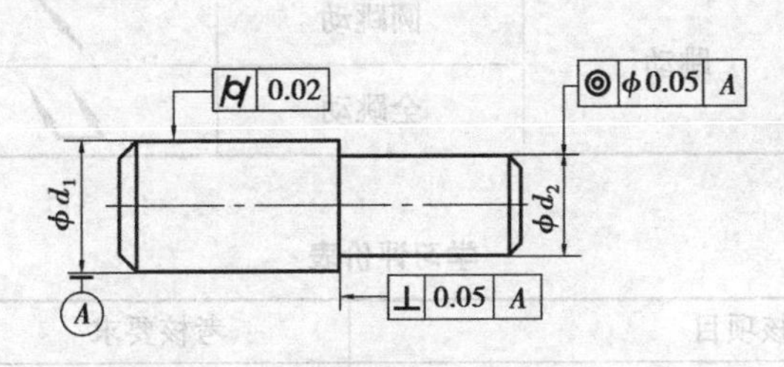

图3.2　被测要素与基本要素

3.1.2　形位公差的项目与符号

形位公差可分为形状公差、位置公差和形状或位置公差3类，共14个项目。

形状公差是被测实际要素的形状相对于其理想形状所允许的变动量。

位置公差是关联实际要素的位置相对其基准所允许的变动全量。

各公差项目的名称和符号见表3.2。

表3.2　形位公差的项目与符号

公　差		项　目	符　号	是否有基准
形状公差	形状	直线度	—	否
		平面度	▱	否
		圆度	○	否
		圆柱度	⌭	否

续表

公差		项目	符号	是否有基准
形状或位置公差	轮廓	线轮廓度	⌒	是或否
		面轮廓度	⌓	是或否
位置公差	定向	平行度	//	是
		垂直度	⊥	是
		倾斜度	∠	是
	定位	位置度	⌖	是或否
		同心度(对中心点)	◎	是
		同轴度(对轴线)	◎	是
		对称度	⌯	是
	跳动	圆跳动	↗	是
		全跳动	⌰	是

学习评价表

考核项目	考核要求	配　分	得　分
1.形位公差分为哪几类	答对得 10 分	10 分	
2.写出形状公差的项目及符号	答对得 30 分	30 分	
3.写出位置公差的项目及符号	答对得 30 分	30 分	
4.写出形状或位置公差的项目及符号	答对得 30 分	30 分	
总　计			

任务 3.2　形位公差的标注方法

●任务要求

1.能够正确地绘制形位公差的代号及基准符号。

2.掌握形位公差的标注方法。

3.了解形位公差的公差等级和公差值。

●任务实施

3.2.1　形位公差的代号及基准符号

(1)形位公差代号

形位公差的代号包括以下4个方面：

①形位公差框格和指引线。

②形位公差项目的符号。

③公差数值和有关符号。

④基准及基准符号。

形位公差的代号如图3.3所示。

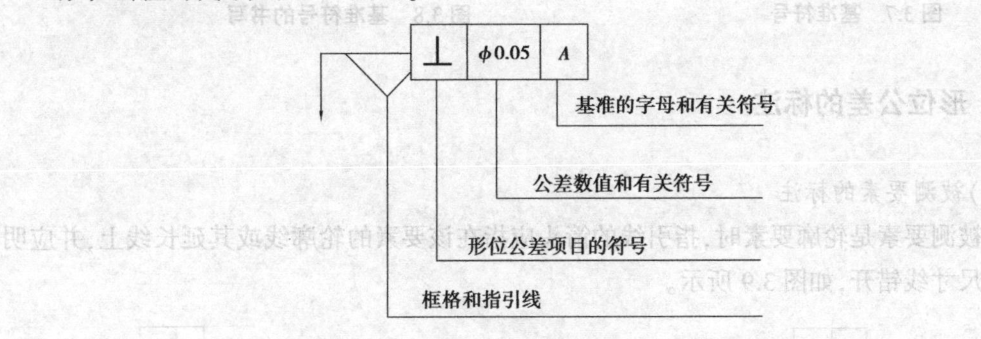

图3.3　形位公差代号

注意：

①形位公差框格分为两格或多格，用细实线绘制，一般沿水平方向绘制，框格内容从左往右填写，如图3.4所示；特殊情况也可垂直放置，内容从下往上填写，如图3.5所示。

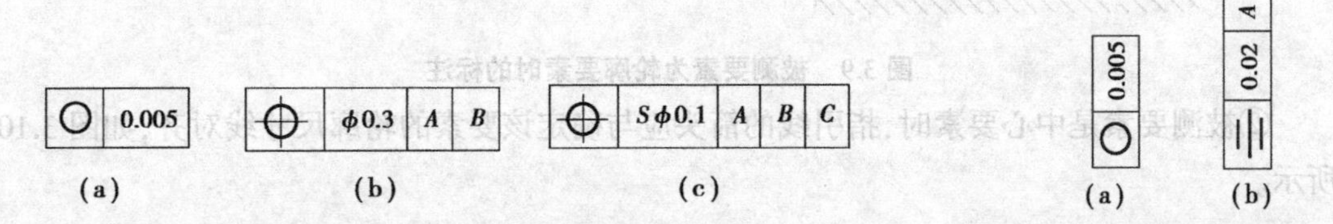

图3.4　公差框格水平放置　　图3.5　公差框格垂直放置

②指引线由细实线和箭头组成，指引线的允许画法如图3.6所示。

(2)基准符号

基准符号的内容如下：

①圆圈。

②基准字母。

③连线。

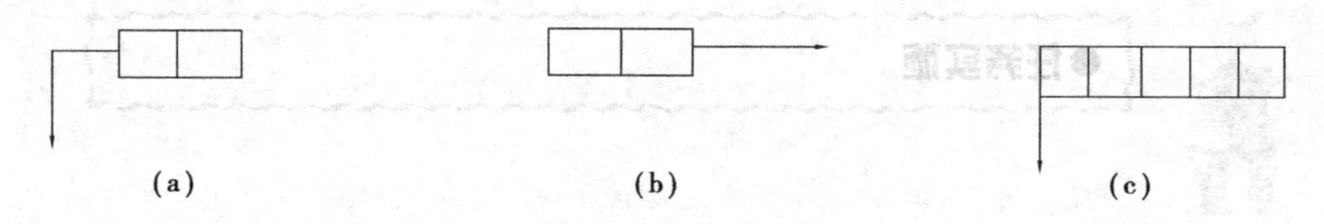

图 3.6　指引线的允许画法

④粗短横线。

基准符号如图 3.7 所示。

注意:

基准字母用大写英文字母表示,为了不引起误解,其中 E,I,J,M,O,P,R,F 不采用,且一律水平书写,粗短横线须平行于基准要素,如图 3.8 所示。

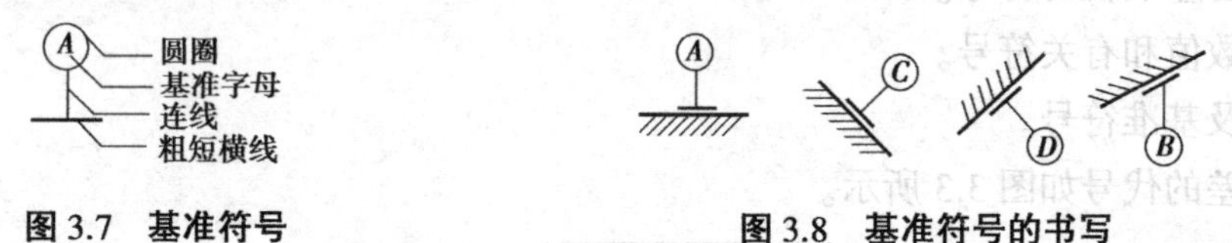

图 3.7　基准符号　　图 3.8　基准符号的书写

3.2.2　形位公差的标注

(1)被测要素的标注

①被测要素是轮廓要素时,指引线的箭头应指在该要素的轮廓线或其延长线上,并应明显地与尺寸线错开,如图 3.9 所示。

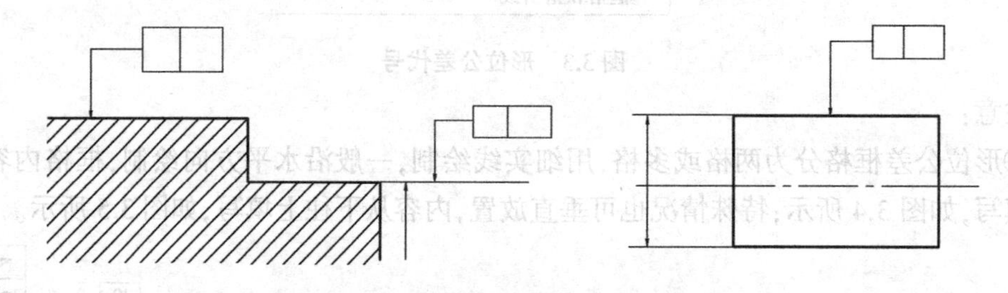

图 3.9　被测要素为轮廓要素时的标注

②被测要素是中心要素时,指引线的箭头应与确定该要素的轮廓尺寸线对齐,如图 3.10 所示。

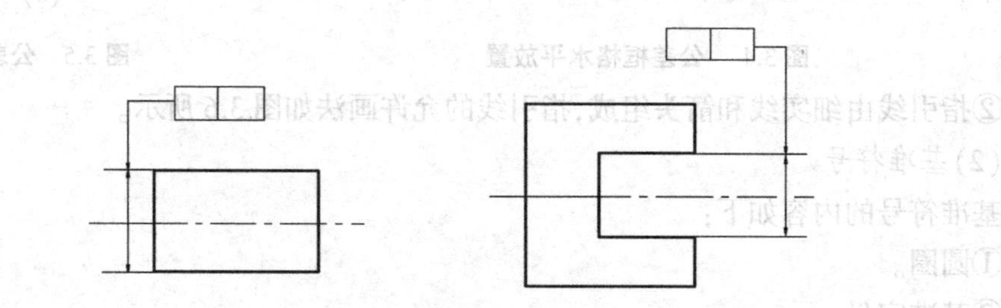

图 3.10　被测要素为中心要素时的标注

③当同一被测要素有多项形位公差要求时,且测量方向相同时,可将这些框格绘制在一起,并共用一根指引线,如图 3.11 所示。

④当多个被测要素有相同的形位公差要求时,可从框格引出的指引线上绘制多个指示箭头并分别与各被测要素相连,如图 3.12 所示。

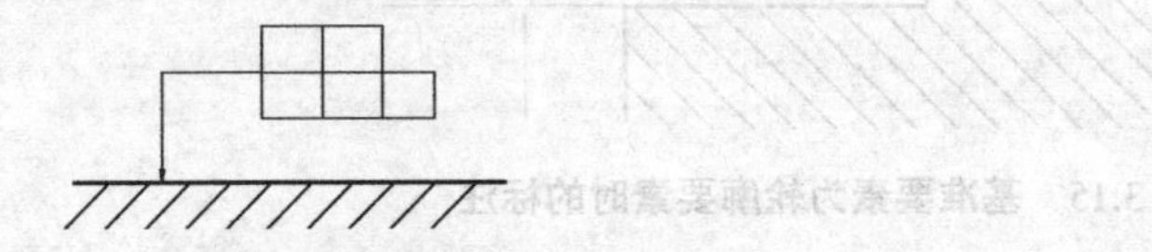

图 3.11　当同一被测要素有多项形位公差要求时的标注

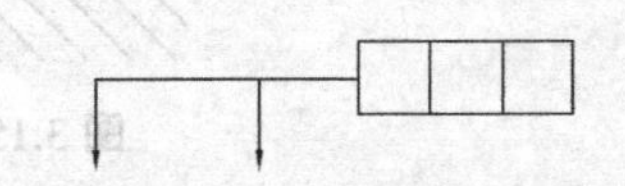

图 3.12　多个被测要素有相同的形位公差要求时的标注

⑤当被测要素为视图上局部表面时,可在该表面上用一小黑点引出参考线,公差框格的指引线箭头指在带点的参考线上,如图 3.13 所示。

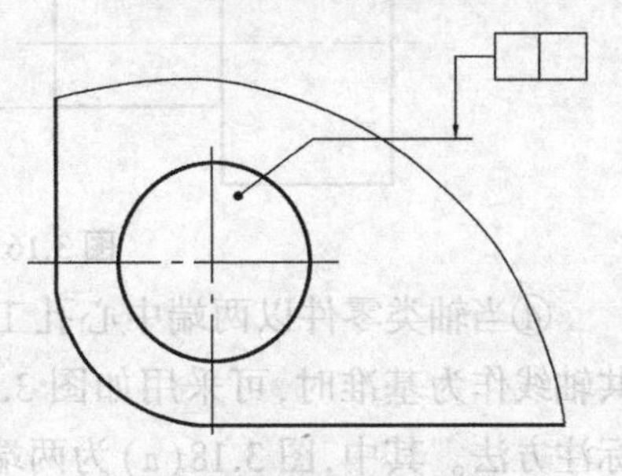

图 3.13　局部表面的标注

⑥公差框格中所标注的形位公差有其他附加要求时,可在公差框格的上方或下方附加文字说明。属于被测要素数量的说明,应写在公差框格的上方,如图 3.14(a)所示;属于解释的说明,应写在公差框格的下方,如图 3.14(b)所示。

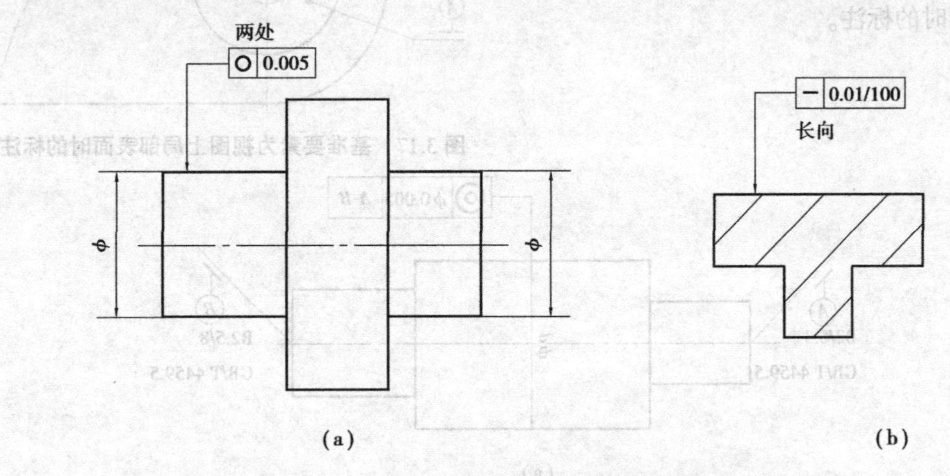

图 3.14　被测要素数量说明和解释性说明的标注

(2)基准要素的标注

①当基准要素为轮廓要素时,基准符号的连线应指在该要素的轮廓线或其延长线上,并应明显地与尺寸线错开,如图 3.15 所示。

②当基准要素是中心要素时,基准符号的连线应与确定该要素的轮廓尺寸线对齐,如图 3.16 所示。

③当基准要素为视图上局部表面时,基准符号可置于用圆点指向实际表面的投影的参考线上,如图 3.17 所示。

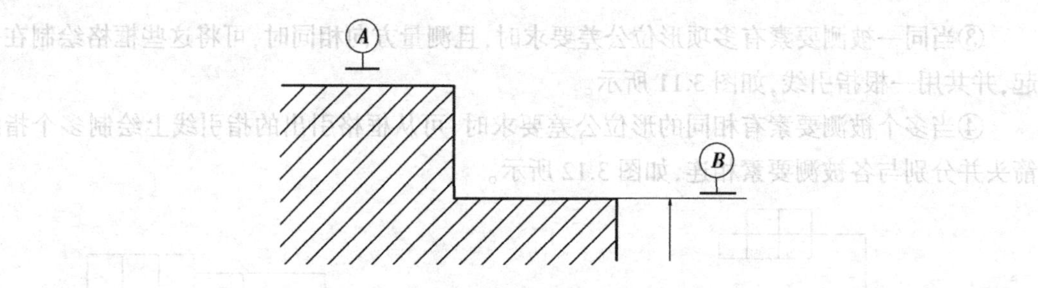

图 3.15　基准要素为轮廓要素时的标注

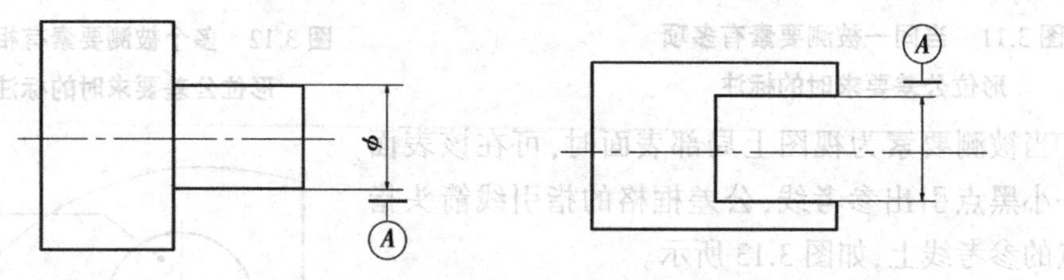

图 3.16　基准要素为中心要素时的标注

④当轴类零件以两端中心孔工作面的公共轴线作为基准时，可采用如图 3.18 所示的标注方法。其中，图 3.18(a)为两端中心孔参数不同时的标注；图 3.18(b)为两端中心孔参数相同时的标注。

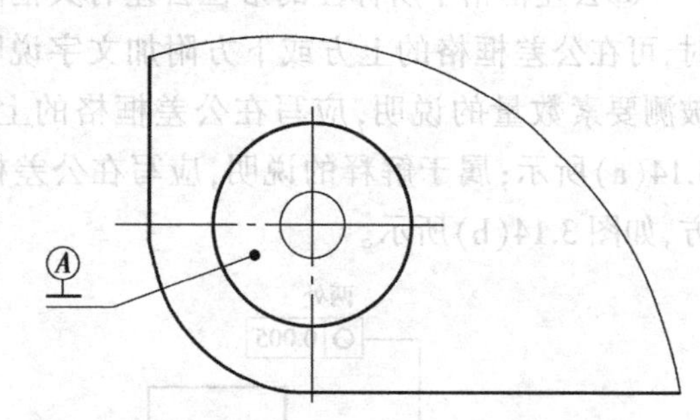

图 3.17　基准要素为视图上局部表面时的标注

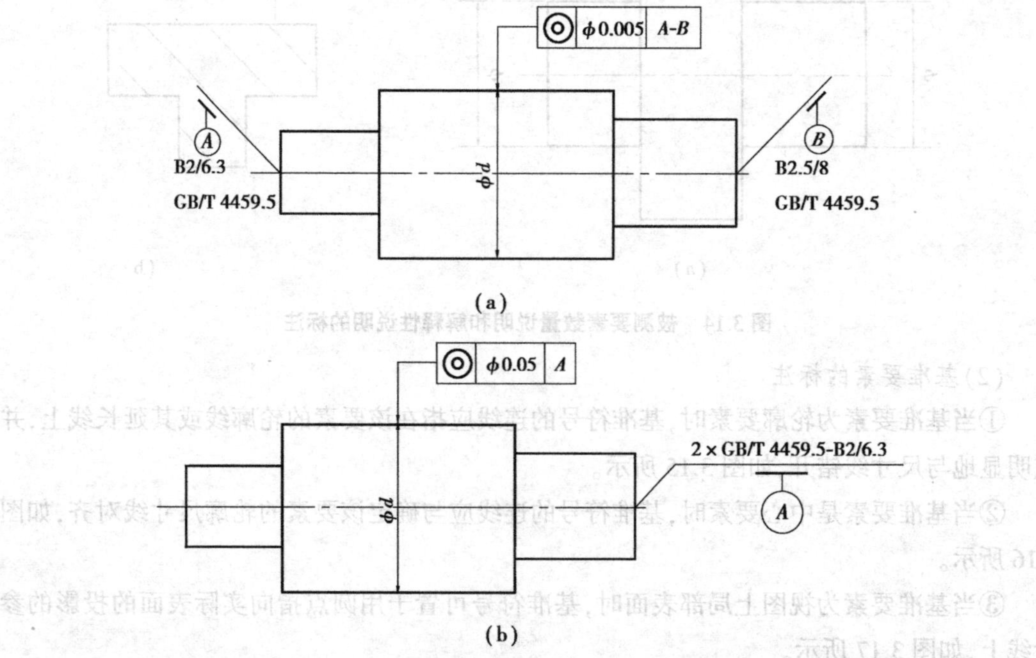

图 3.18　基准要素为公共基准时的标注

3.2.3　形位公差标注的附加说明

(1)公差值有附加说明时的标准

如果需给出被测要素任一固定长度上(或范围)的公差值时,其标注方法如图 3.19 所示。

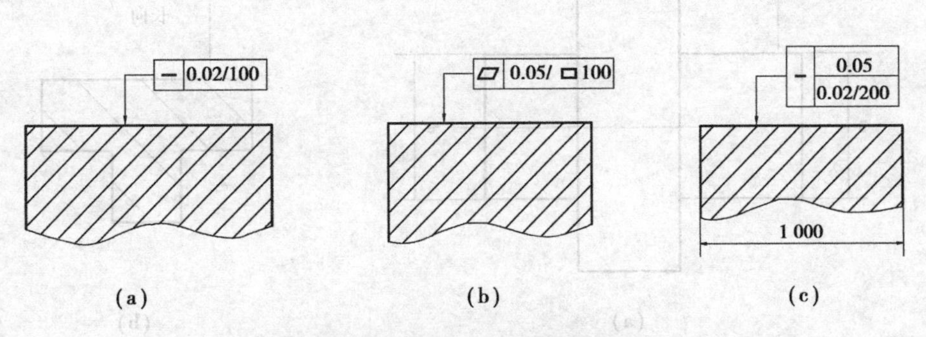

图 3.19　公差值有附加说明时的标注

图 3.19(a)表示在任一 100 mm 长度的直线度公差值为 0.02 mm。

图 3.19(b)表示在任一 100 mm×100 mm 的正方形面积内,平面度公差数值为 0.05 mm。

图 3.19(c)表示在 1 000 mm 全长的直线度公差为 0.05 mm,在任一 200 mm 长度上的直线度公差数值为 0.02 mm。

(2)用符号表示的附加要求

用符号表示的附加要求,见表 3.3。

表 3.3　形位公差附加符号

符　号	解　释	标注示例
(+)	若被测要素有误差,则只允许中间向材料外凸起	— 0.01 (+)
(-)	若被测要素有误差,则只允许中间向材料内凹下	— 0.05 (—)
(▷)	若被测要素有误差,则只允许按符号的小端方向逐渐缩小	⌭ 0.05 (▷) // 0.05 (▷) A

(3)用文字说明的附加要求

为了说明公差中所标注的形位公差的其他附加要求,或为了简化标注方法,可在公差框格的周围(一般是上方或下方)附加文字说明。属于被测要素数量的说明,应写在公差框格的上方;属于解释性的说明,应写在公差框格的下方,如图 3.20 所示。图 3.20(a)表示两端圆柱面的圆度公差同为 0.005 mm;图 3.20(b)说明在未画出导轨长向视图时,可借用其横剖面标注长向直线度公差。

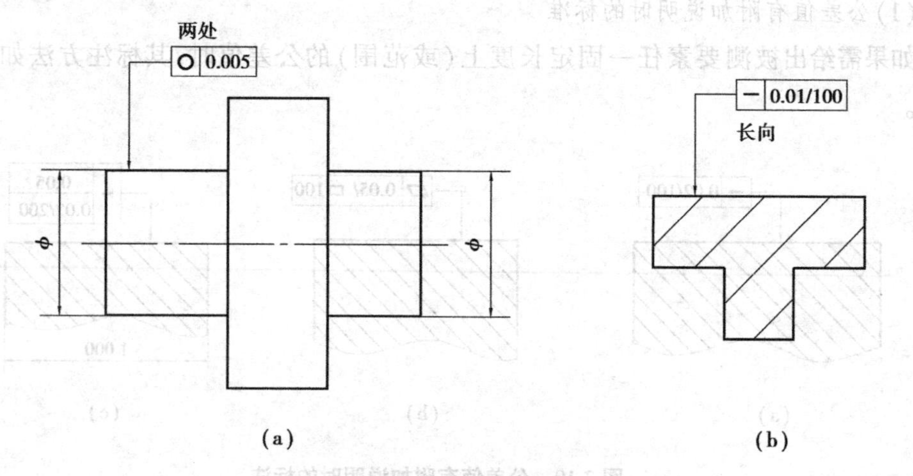

图 3.20 用文字说明的附加要求

3.2.4 形位公差的公差等级和公差值

图样上对形位公差值的表示方法有两种:一是用形位公差代号标注,在形位公差框格内注出公差值,称注出形位公差;另一种是不用代号标注,图样上不标注出公差值,而用形位公差的未注公差来控制,这种图样上虽未用代号标注,但仍有一定要求的形位公差,称未注形位公差。

(1)图样上注出形位公差值的规定

对形位公差有较高的要求的零件,应在图样上按规定的标注方法注出公差值。形位公差值的大小由形位公差等级和主参数的大小查表确定。

GB/T 1184—1996 对图样上的注出公差规定了 12 个等级,由 1 级起精度依次降低,6 级与 7 级为基本级,圆度和圆柱度还增加了精度更高的 0 级。标准还给出了项目的公差数值表和公差等级。

1)直线度、平面度(见表 3.4)

表3.4 直线度、平面度公差值

主参数 L/mm	公差等级											
	1	2	3	4	5	6	7	8	9	10	11	12
	公差值/μm											
≤10	0.2	0.4	0.8	1.2	2	3	5	8	12	20	30	60
>10~16	0.25	0.5	1	1.5	2.5	4	6	10	15	25	40	80
>16~25	0.3	0.6	1.2	2	3	5	8	12	20	30	50	100
>25~40	0.4	0.8	1.5	2.5	4	6	10	15	25	40	60	120
>40~63	0.5	1	2	3	5	8	12	20	30	50	80	150
>63~100	0.6	1.2	2.5	4	6	10	15	25	40	60	100	200
>100~160	0.8	1.5	3	5	8	12	20	30	50	80	120	150
>160~250	1	2	4	6	10	15	25	40	60	100	150	300
>250~400	1.2	2.5	5	8	12	20	30	50	80	120	200	400
>400~630	1.5	3	6	10	15	25	40	60	100	150	250	500
>630~1 000	2	4	8	12	20	30	50	80	120	200	300	600
>1 000~1 600	2.5	5	10	15	25	40	60	100	150	250	400	800
>1 600~2 500	3	6	12	20	30	50	80	120	200	300	500	1 000
>2 500~4 000	4	8	15	25	40	60	100	150	250	400	600	1 200
>4 000~6 300	5	10	20	30	50	80	120	200	300	500	800	1 500
>6 300~10 000	6	12	25	40	60	100	150	250	400	600	1 000	2 000

2)平行度、垂直度、倾斜度(见表3.5)

表3.5 平行度、垂直度、倾斜度公差值

主参数 L/mm	公差等级											
	1	2	3	4	5	6	7	8	9	10	11	12
	公差值/μm											
≤10	0.4	0.8	1.5	3	5	8	12	20	30	50	80	120
>10~16	0.5	1	2	4	6	10	15	25	40	60	100	150
>16~25	0.6	1.2	2.5	5	8	12	20	30	50	80	120	200
>25~40	0.8	1.5	3	6	10	15	25	40	60	100	150	250
>40~63	1	2	4	8	12	20	30	50	80	120	200	300
>63~100	1.2	2.5	5	10	15	25	40	60	100	150	250	400
>100~160	1.5	3	6	12	20	30	50	80	120	200	300	500
>160~250	2	4	8	15	25	40	60	100	150	250	400	600

续表

主参数 L/mm	公差等级											
	1	2	3	4	5	6	7	8	9	10	11	12
	公差值/μm											
>250~400	2.5	5	10	20	30	50	80	120	200	300	500	800
>400~630	3	6	12	25	40	60	100	150	250	400	600	1 000
>630~1 000	4	8	15	30	50	80	120	200	300	500	800	1 200
>1 000~1 600	5	10	20	40	60	100	150	250	400	600	1 000	1 500
>1 600~2 500	6	12	25	50	80	120	200	300	500	800	1 200	2 000
>2 500~4 000	8	15	30	60	100	150	250	400	600	1 000	1 500	2 500
>4 000~6 300	10	20	40	80	120	200	300	500	800	1 200	2 000	3 000
>6 300~10 000	12	25	50	100	150	250	400	600	1 000	1 500	2 500	4 000

3)圆度、圆柱度(见表3.6)

表3.6 圆度、圆柱度公差值

主参数 L/mm	公差等级											
	1	2	3	4	5	6	7	8	9	10	11	12
	公差值/μm											
≤3	0.1	0.2	0.5	0.8	1.2	2	3	4	6	10	14	25
>3~6	0.1	0.2	0.6	1	1.5	2.5	4	5	8	12	18	30
>6~10	0.12	0.25	0.6	1	1.5	2.5	4	6	9	15	22	36
>10~18	0.15	0.25	0.8	1.2	2	3	5	8	11	18	27	43
>18~30	0.2	0.3	1	1.5	2.5	4	6	9	13	21	33	52
>30~50	0.25	0.4	1	1.5	2.5	5	7	11	16	25	39	62
>50~80	0.3	0.5	1.2	2	3	7	8	13	19	30	46	74
>80~120	0.4	0.6	1.5	2.5	4	8	10	15	22	35	54	87
>120~180	0.6	1	2	3.5	5	9	12	18	25	40	63	100
>180~250	0.8	1.2	3	4.5	7	10	14	20	29	46	72	115
>250~315	1	1.6	4	6	8	12	16	23	32	52	81	130
>315~400	1.2	2	5	7	9	13	18	25	36	57	89	140
>400~500	1.5	2.5	6	8	10	15	20	27	40	63	97	155

4)同轴度、对称度、圆跳动和全跳动(见表3.7)

表3.7　同轴度、对称度、圆跳动和全跳动公差值

主参数 L/mm	公差等级											
	1	2	3	4	5	6	7	8	9	10	11	12
	公差值/μm											
≤1	0.4	0.6	1	1.5	2.5	4	6	10	15	25	40	60
>1~3	0.4	0.6	1	1.5	2.5	4	6	10	20	40	60	120
>3~6	0.5	0.8	1.2	2	3	5	8	12	25	50	80	150
>6~10	0.6	1	1.5	2.5	4	6	10	15	30	60	100	200
>10~18	0.8	1.2	2	3	5	8	12	20	40	80	120	250
>18~30	1	1.5	2.5	4	6	10	15	25	50	100	150	300
>30~50	1.2	2	3	5	8	12	20	30	60	120	200	400
>50~120	1.5	2.5	4	6	10	15	25	40	80	150	250	500
>120~250	2	3	5	8	12	20	30	50	100	200	300	600
>250~500	2.5	4	6	10	15	25	40	60	120	250	400	800
>500~800	3	5	8	12	20	30	50	80	150	300	500	1 000
>800~1 250	4	6	10	15	25	40	60	100	200	400	600	1 200
>1 250~2 000	5	8	12	20	30	50	80	120	250	500	800	1 500
>2 000~3 150	6	10	15	25	40	60	100	150	300	600	1 000	2 000
>3 150~5 000	8	12	20	30	50	80	120	200	400	800	1 200	2 500
>5 000~8 000	10	15	25	40	60	100	150	250	500	1 000	1 500	3 000
>5 000~10 000	12	30	30	50	80	120	200	300	600	1 200	200	4 000

公差值选择总的原则是:在满足零件功能要求的前提下选择最经济的公差值。

(2)形位公差的未注公差值的规定

图样上对零件的要素未注出形位公差值时,并不是没有公差值要求,而是对这些要素的形位公差要求能由机床设备的加工能力所保证,因此不必标注在图样上。

GB/T 1184—1996对直线度、平面度、垂直度、对称度及圆跳动的未注公差值进行了规定,规定上述5项形位未注公差分别为H,K,L 3个公差等级。其中,H为高级,K为中间级,L为低级(见表3.8)。

表 3.8 直线度、平面度、垂直度、对称度、圆跳动的未注公差值

<table>
<tr><th colspan="4">直线度、平面度</th><th colspan="4">垂直度</th><th colspan="4">对称度</th><th colspan="3">圆跳动</th></tr>
<tr><th rowspan="2">基本长度</th><th colspan="3">公差等级</th><th rowspan="2">基本长度</th><th colspan="3">公差等级</th><th rowspan="2">基本长度</th><th colspan="3">公差等级</th><th colspan="3">公差等级</th></tr>
<tr><th>H</th><th>K</th><th>L</th><th>H</th><th>K</th><th>L</th><th>H</th><th>K</th><th>L</th><th>H</th><th>K</th><th>L</th></tr>
<tr><td>≤10</td><td>0.02</td><td>0.05</td><td>0.1</td><td rowspan="3">≤100</td><td rowspan="3">0.2</td><td rowspan="3">0.4</td><td rowspan="3">0.6</td><td rowspan="3">≤100</td><td rowspan="3">0.5</td><td rowspan="3">0.6</td><td rowspan="3">0.6</td><td rowspan="6">0.1</td><td rowspan="6">0.2</td><td rowspan="6">0.5</td></tr>
<tr><td>>10~30</td><td>0.05</td><td>0.1</td><td>0.2</td></tr>
<tr><td>>30~100</td><td>0.1</td><td>0.2</td><td>0.4</td></tr>
<tr><td>>100~300</td><td>0.2</td><td>0.4</td><td>0.8</td><td>>100~300</td><td>0.3</td><td>0.6</td><td>1</td><td>>100~300</td><td>0.5</td><td>0.6</td><td>1</td></tr>
<tr><td>>300~1 000</td><td>0.3</td><td>0.6</td><td>1.2</td><td>>300~1 000</td><td>0.4</td><td>0.8</td><td>1.5</td><td>>300~1 000</td><td>0.5</td><td>0.8</td><td>1.5</td></tr>
<tr><td>>1 000~3 000</td><td>0.4</td><td>0.8</td><td>1.6</td><td>>1 000~3 000</td><td>0.5</td><td>1</td><td>2</td><td>>1 000~3 000</td><td>0.5</td><td>1</td><td>2</td></tr>
</table>

在表 3.8 中，确定基本长度的原则是：对于直线度，按其相应线的长度确定；对于平面度按其表面较长的一侧或圆表面的直径确定；对于垂直度和对称度，取两要素中较长者为基准，较短者作为被测要素（两者相同时可任取），以被测要素的长度确定基本长度。

学习评价表

考核项目	考核要求	配　分	得　分
1.绘制形状公差代号	答对 1 个得 5 分	20 分	
2.绘制位置公差代号	答对 1 个得 5 分	40 分	
3.绘制基准符号	答对得 10 分	10 分	
4.被测要素和基准要素的标注方法	标对 1 个得 5 分	30 分	
总　计			

任务 3.3 形位误差及形位公差带

● 任务要求

1.知道形位误差。

2.了解形位公差带的定义。

3.掌握形位公差带的组成。

● 任务实施

3.3.1 形位误差

(1)形状误差

被测实际要素对其理想要素的变动量称为形状误差。

具体来说,当被测实际要素与其理想要素进行比较时,如果被测实际要素与其理想要素处处重合,则被测实际要素的形状误差为零;如果被测实际要素相对其理想要素的形状不能处处重合而有变动时,则表明被测实际要素存在着形状误差。一般来讲,被测实际要素总存在着一定的形状误差。

(2)位置误差

标准规定位置误差有以下3种:

①定向误差。即被测实际要素对一具有确定方向的理想要素的变动量,理想要素的方向由基准确定。

②定位误差。即被测实际要素对一具有确定位置的理想要素的变动量,理想要素的位置由基准的理论正确尺寸确定。

③跳动误差。即被测要素绕基准轴线无轴向移动地回转一周或连续回转时,由位置固定或沿理想要素线连续移动的指示器在给定方向上测得的最大与最小读数之差。

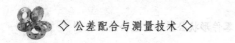

3.3.2 形位公差带

(1)形位公差带的定义

国家标准指出,形位公差带是用来限制零件被测实际要素的实际形状或位置变动的区域或范围,这个区域或范围通常是空间的,不同于在平面内用两直线间区域所限定的尺寸公差带。如果被测要素在这个给定的区域或范围(公差带)内,则表示该被测要素的形状和位置符合要求,否则被测要素的形状和位置就不符合要求。显然,要加工出合格的零件,被测实际要素必须限制在形位公差带内才是合格的零件;否则,为不合格。

(2)形位公差带的组成

形位公差带由形状、大小、方向及位置4个基本要素组成。

1)公差带形状

形位公差带的形状是由被测实际要素的形状和形位公差各项目的特征来决定的,常用的公差带有9种方式,见表3.9。

表3.9 形位公差带的形状

1.两平行直线之间的区域		6.一个圆柱的空间	
2.两等距曲线之间的区域		7.两同轴线圆柱面之间的空间	
3.两同心圆之间的区域			
4.一个圆的区域		8.两平行平面之间的空间	
5.一个球的空间		9.两等距曲面之间的空间	

2)形位公差带的大小

形位公差带的大小,即给定的公差值的大小,主要用以体现形位精度要求的高低,通常是指形位公差的宽度或直径。

3)形位公差带的方向

形位公差带的方向就是组成公差几何要素的延伸方向,即沿被测要素方向延伸,可分为

理论方向和实际方向两种情况。

理论方向应与零件图样上形位公差代号的指引线箭头方向垂直。实际方向又分为形状公差带方向和位置公差带方向;就形状公差带方向而言,它是由图样上给定的方向和最小条件来确定的,图样上给定的方向是指垂直于指引线箭头所指的方向,最小条件决定的是公差带的实际方向,如图 3.21 所示。

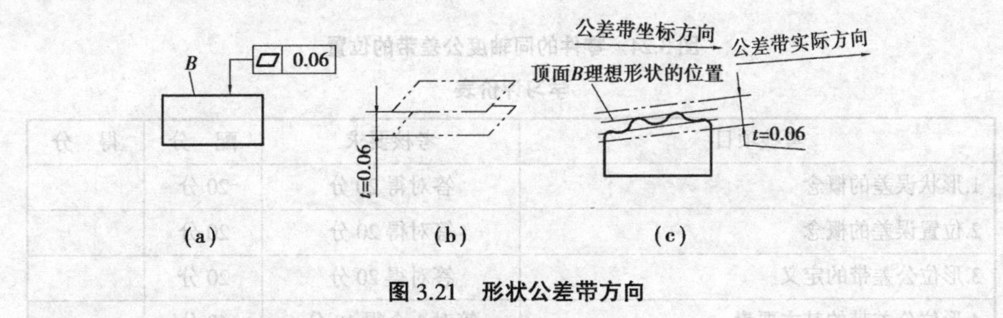

图 3.21　形状公差带方向

就位置公差带方向而言,它是由图样上给定的方向和基准的理想要素的方向和位置决定的,图样上给定的方向是指垂直于指引线箭头所指的方向,基准要素的方向和位置决定的是公差带与基准的关系,如图 3.22 所示。

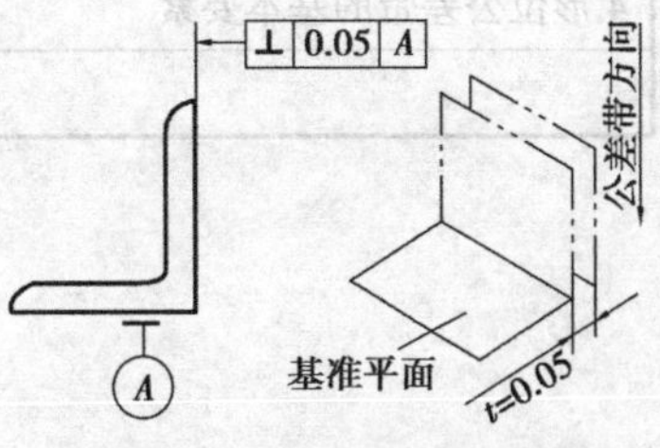

图 3.22　位置公差带方向

4)形位公差带的位置

形位公差带的位置分为浮动和固定两种。浮动公差带是指形位公差带在尺寸公差内,且随零件实际尺寸的变化而变化。如图 3.23 所示为零件两个不同平行度公差带位置。

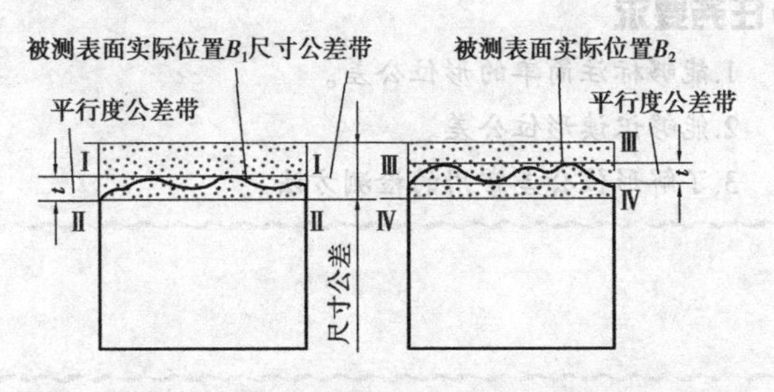

图 3.23　零件两个不同平行度公差带位置

固定公差带是指形位公差带的位置是由图样上给定的基准和理论正确尺寸所确定的,是不能改变的,与零件的实际尺寸无关。如图 3.24 所示,零件的同轴度公差带的位置是不允许随实际尺寸变动而变动的,只能是固定的公差带位置。

在形状公差中,公差带的位置均为浮动;在位置公差中,同轴度、对称度和位置度的公差带位置固定;有基准要求的轮廓的公差带位置固定;如无特殊要求,其他位置公差带位置均是浮动的。

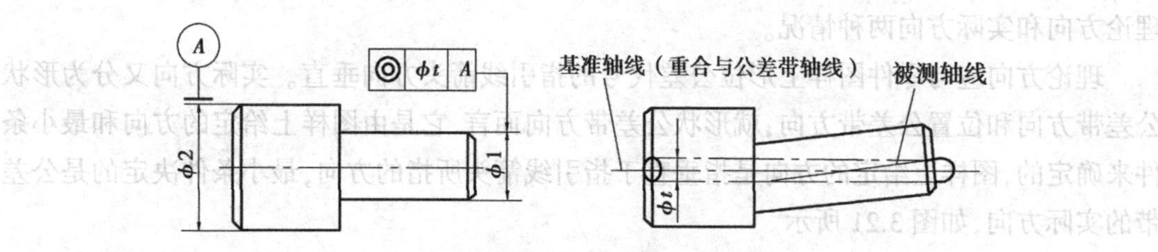

图 3.24　零件的同轴度公差带的位置

学习评价表

考核项目	考核要求	配　分	得　分
1.形状误差的概念	答对得 20 分	20 分	
2.位置误差的概念	答对得 20 分	20 分	
3.形位公差带的定义	答对得 20 分	20 分	
4.形位公差带的基本要素	答对 1 个得 10 分	40 分	
总　计			

任务 3.4　形位公差标注示例、读法及常用检测方法

●任务要求

1.能够标注简单的形位公差。

2.能够识读形位公差。

3.了解形位公差常用的检测方法。

●任务实施

形位公差标注示例、读法及常用检测方法(见表 3.10)。

表 3.10　形位公差标注示例、读法及常用检测方法

名称	标注示例、读法及公差带	常用检测方法
直线度	1.在给定平面内 — 0.01 圆柱的母线直线度公差为 0.01 mm 公差带是轴剖面上距离为 0.01 mm 的两平行直线之间的区域 2.在给定方向上 (1)给定一个方向 — 0.02 棱线的直线度公差为 0.02 mm(在给定方向上) 公差带是在给定的方向上距离为 0.02 mm 的两平行平面之间的区域 (2)给定互相垂直的两个方向 — 0.05 — 0.02 棱线的直线度公差在水平和垂直方向上分别为 0.05 mm 和 0.02 mm 公差带为一个在水平方向距离是 0.05 mm,垂直方向距离是 0.02 mm 的两组平行平面之间的区域 (3)在任意方向上 — ϕ0.01 ϕd ϕd 圆柱轴线的直线度公差为 ϕ0.01 mm 公差带是直线为 ϕ0.01 mm 的圆柱面内的区域	刀口尺 水平仪 自准直仪　反射镜 刀口尺法是用刀口尺和被测要素(直线或平面)接触,使刀口尺与被测要素之间的最大间隙为最小 此最大间隙即为被测的直线度误差 水平仪法是将水平仪放在被测表面上,沿被测要素逐段连续测量,对读数进行计算可求得直线度误差 自准直仪法是将自准直仪放在固定位置,反射镜沿被测要素逐段移动,并在自准直仪中读得对应的读数,对读数进行计算可求得直线度误差

续表

名称	标注示例、读法及公差带	常用检测方法
平面度	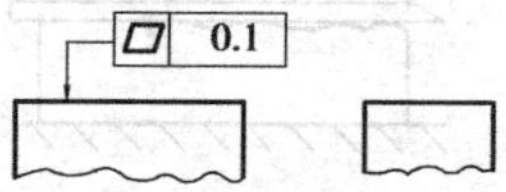 0.1 上表面的平面度公差为 0.1 mm 公差带是距离为 0.1 mm 的两平行平面间的区域	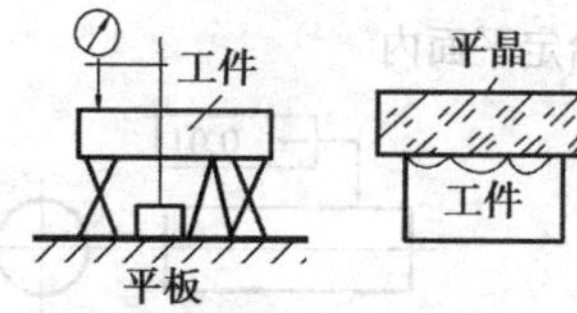 工件 平板 平晶 工件 指示表法是将被测平面上最远的 3 点调距平板等高,按一定布点测量被测表面,表上最大与最小读数差即为平面度误差值 平晶法是将平晶紧贴在被测平面上,产生干涉条纹,经计算得到平面度误差值
圆度	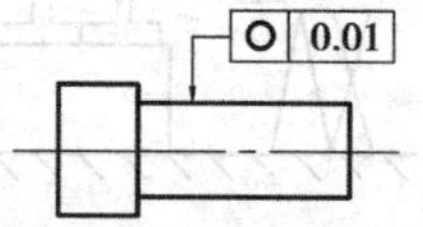 0.01 圆柱面的圆度公差为 0.01 mm 公差带是在垂直于轴线的任一正截面上、半径差为 0.01 mm 的两同心圆之间的区域	多采用近似测量: ①两点法:用外径百分尺等量具量出同一截面最大和最小直径,其差值的一半为该截面的圆度误差,取各截面的最大误差值为该件的圆度误差 ②三点法:被测面放在 V 形架上,旋转一周,指示表最大与最小读数差的半值即为其圆度误差
圆柱度	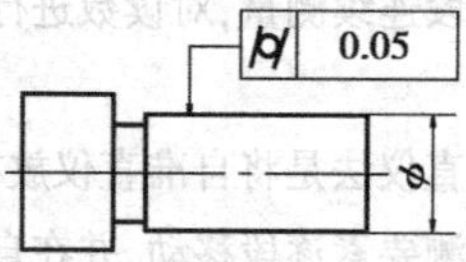 0.05 ϕ 圆柱面 ϕ 的圆柱度公差为 0.05 mm 公差带是半径差为 0.05 mm 的两个同轴圆柱面之间的区域	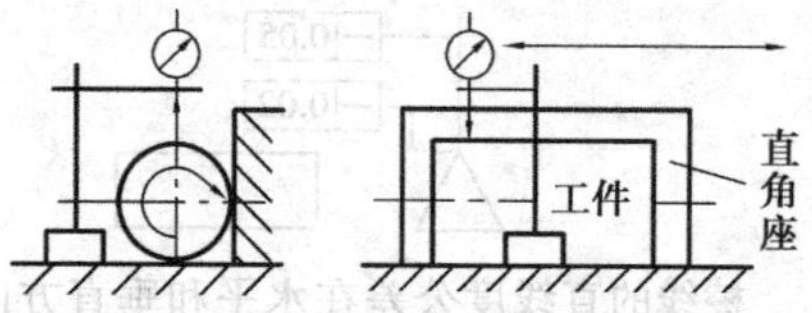 工件 直角座 多采用近似法:被测件放在 V 形架或直角座上(如图示),旋转工件一周时,测得该截面的最大与最小读数,指示表沿轴向间断移动,测量若干截面,取所有读数中最大与最小读数差的一半即为该零件的圆柱度误差
线轮廓度	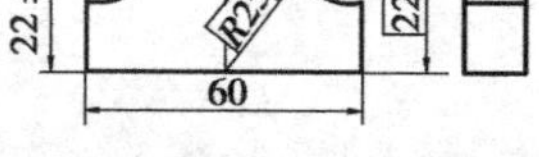 0.04 R10 R25 22±0.1 22 60 外形轮廓中圆弧部分的线轮廓度公差为 0.04 mm 公差带是一系列直径为 0.04 mm 的等径圆的两包络线(即两等距曲线)之间的区域	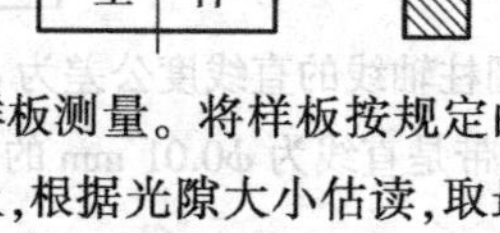 样板 工件 一般用样板测量。将样板按规定的方向放置在被测件上,根据光隙大小估读,取最大间隙作为该零件的线轮廓度误差 也可用投影仪检测或仿形测量装置测量

续表

名称	标注示例、读法及公差带	常用检测方法
面轮廓度	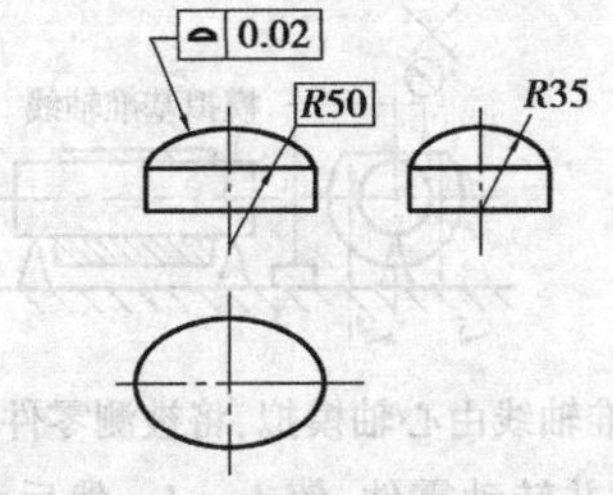 椭圆球面的面轮廓度公差为 0.02 mm 公差带是一系列直径为 0.02 mm 的球的两包络面之间的区域	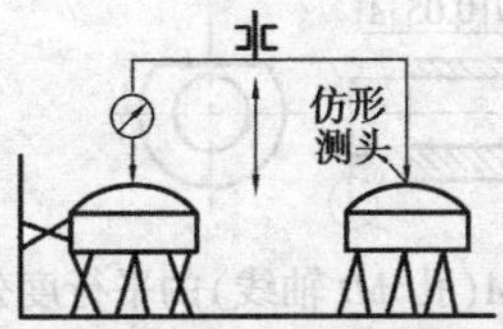 仿形测头 一般用截面轮廓样板检测，也可用三坐标测量装置或仿形测量装置(如图示)测量
平行度	1.在给定方向上 (1)给定一个方向 ①面对面 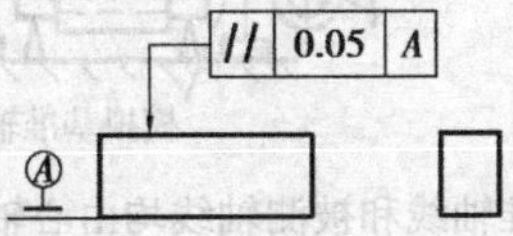 上表面对基准 A(底面)的平行度公差为 0.05 mm 公差带为距离是 0.05 mm 两平行平面之间的区域，并且平行于基准平面	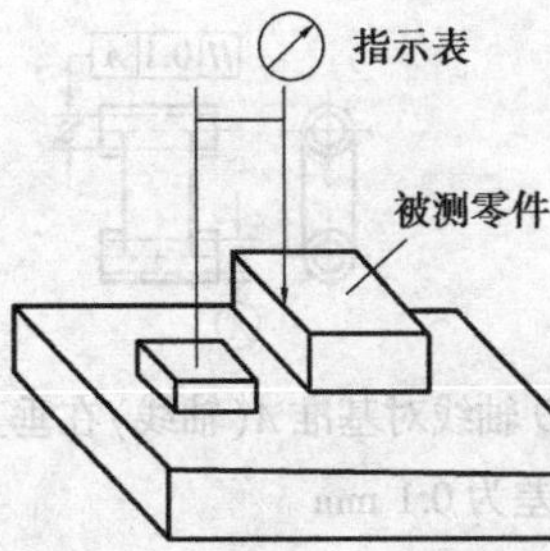 指示表 被测零件 将被测零件的基准表面放在平板上，在被测表面范围内，指示表最大与最小读数之差为平行度误差
	②线对面 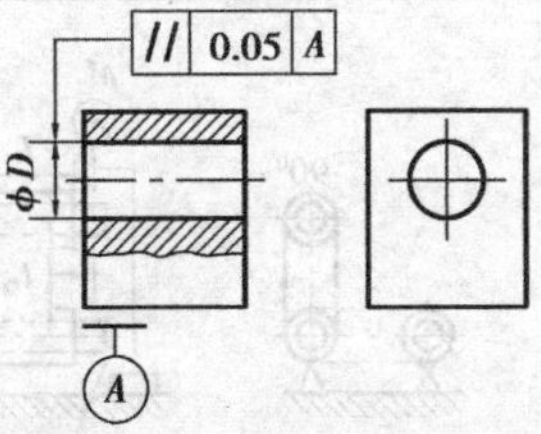 孔 ϕD 轴线对基准 A(底面)的平行度公差为 0.05 mm 公差带为距离是 0.05 mm 的两平行平面之间的区域，并且平行于基准平面	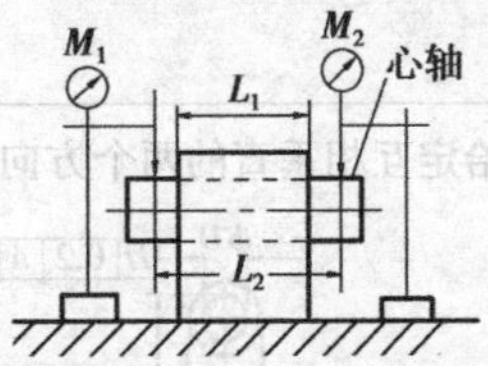 心轴 将被测轴线由心轴(可胀式或与孔无间隙配合)模拟，在测量距离为 L_2 的两个位置上测得的读数分别为 M_1 和 M_2，则平行度误差为 $f = \frac{L_1}{L_2}\lvert M_1 - M_2 \rvert$ 式中　L_1—被测轴线的长度

续表

名称	标注示例、读法及公差带	常用检测方法
	③面对线 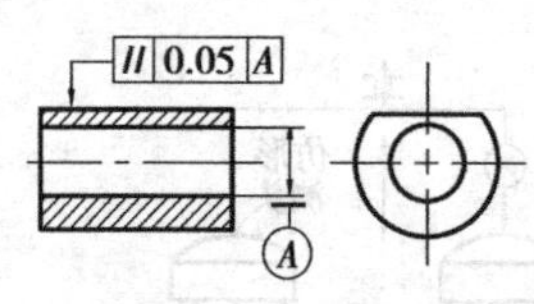 上表面对基准 A(孔 ϕD 轴线)的平行度公差为 0.05 mm 公差带为距离是 0.05 mm 的两平行平面之间的区域,并且平行于基准轴线	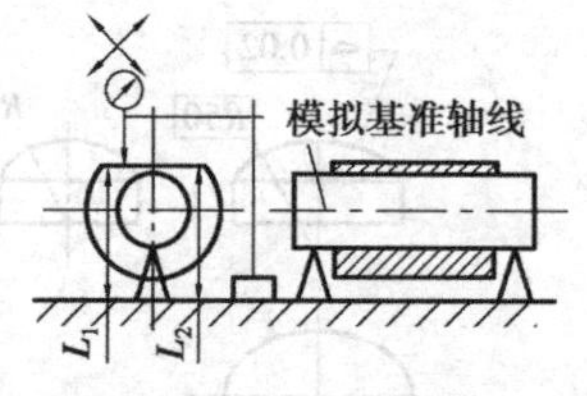 基准轴线由心轴模拟,将被测零件放在等高支承上,并转动零件,使 $L_1=L_2$,然后测量整个表面,指示表的最大与最小读数之差作为该零件的平行度误差
平行度	④线对线 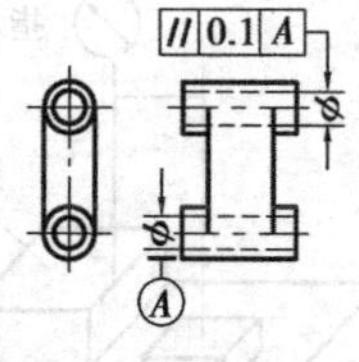 孔 ϕD 轴线对基准 A(轴线)在垂直方向上的平行度公差为 0.1 mm 公差带为距离是 0.01 mm,并且在垂直方向平行于基准轴线的两平行平面之间的区域	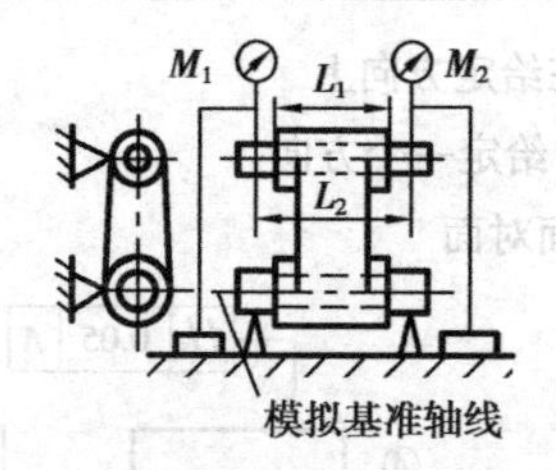 基准轴线和被测轴线均由心轴模拟,将被测零件放在等高支承上,在测量距离为 L_2 的两个位置上测得读数分别为 M_1 和 M_2,则平行度误差为 $f=\frac{L_1}{L_2}\lvert M_1-M_2\rvert$ 式中 L_1—被测轴线的长度
	(2)给定互相垂直的两个方向 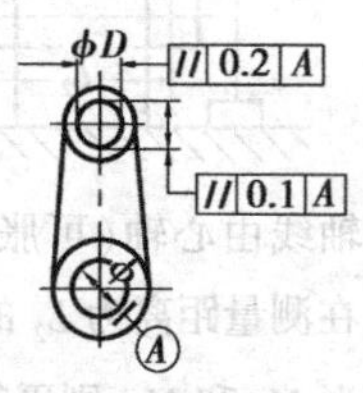 孔 ϕD 轴线对基准 A(轴线)在垂直和水平方向上的平行度公差分别为 0.1 mm 和 0.2 mm 公差带为一个在水平方向上距离是 0.2 mm,在垂直方向上距离是 0.1 mm 的两组平行平面之间的区域,并且平行于基准轴线	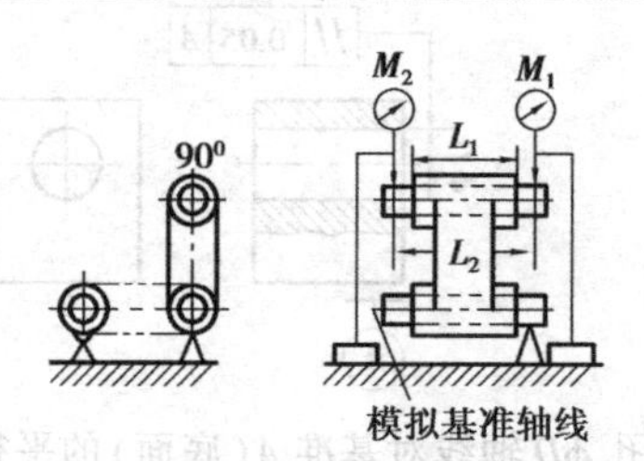 按上述方法分别测出轴线在垂直方向和水平方向上的平行度误差 $f_{垂直}$ 和 $f_{水平}$ 按上述方法分别测出 $f_{垂直}$ 和 $f_{水平}$,则被测轴线在任意方向上的平行度误差为 $f=\sqrt{f_{垂直}^2+f_{水平}^2}$

续表

名称	标注示例、读法及公差带	常用检测方法
平行度	2.在任意方向上 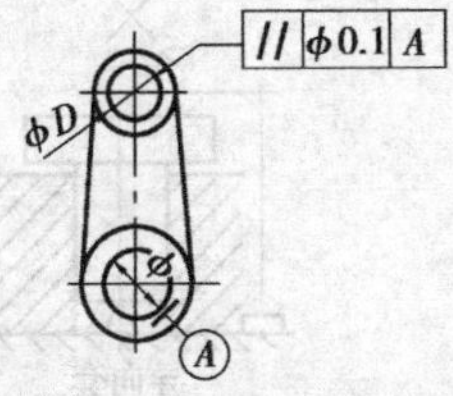 孔 ϕD 轴线(在任意方向上)对基准 A(轴线)的平行度公差为 $\phi 0.1$ mm 公差带为直径 0.1 mm,并且平行于基准轴线的圆柱面内的区域	
垂直度	1.在给定方向上 (1)给定一个方向 ①面对面 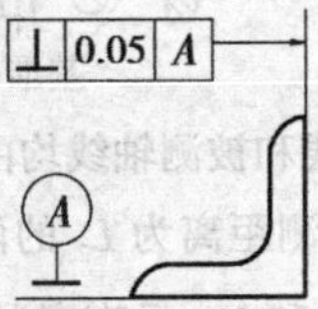 侧面对基准 A(底面)的垂直度公差为 0.05 mm 公差带是距离为 0.05 mm,并且垂直基准平面的两平行平面之间的区域	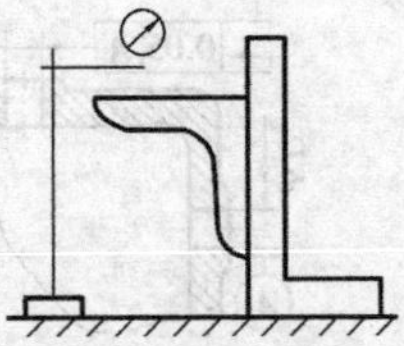 将被测零件的基准固定在直角座上,同时调整靠近基准的被测表面的读数差为最小,取指示表在整个被测表面的最大与最小读数之差作为其垂直度误差
	②线对面 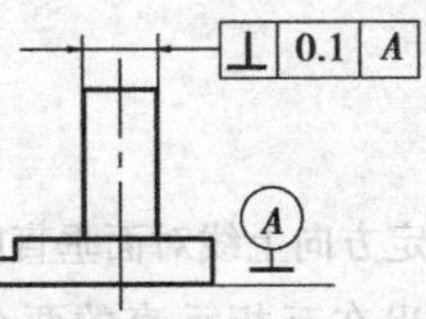 ϕd 轴线(在给定方向上)对基准 A(底面)的垂直度公差为 0.1 mm 公差带是在给定方向上,距离为 0.1 mm,并垂直于基准平面的两平行平面之间的区域	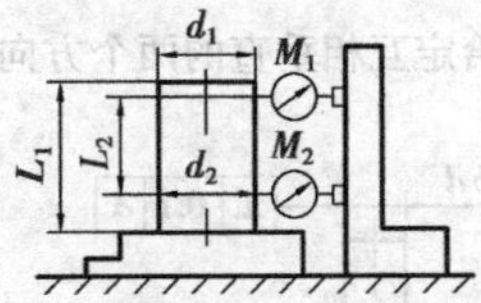 在给定方向上测量距离为 L_2 的两个位置上测得 M_1 和 M_2 及相应的轴径 d_1 和 d_2,则在该方向的垂直度误差为 $f = \|(M_1 - M_2)\| + \frac{d_1 - d_2}{2} \cdot \frac{L_1}{L_2}$

续表

名称	标注示例、读法及公差带	常用检测方法
垂直度	③面对线 ⊥ 0.05 A 端面对基准 A（ϕd 轴线）的垂直度公差为 0.05 mm 公差带是距离为 0.05 mm，并且垂直于基准轴线的两平行平面之间的区域	导向套 基准轴线由导向套模拟，被测件放在导向套内，测整个被测表面，最大读数差为其垂直度误差
	④线对线 ⊥ 0.05 A 孔 ϕD_2 轴线对基准 A（孔 ϕD_1 轴线）的垂直度公差为 0.05 mm 公差带是距离为 0.05 mm，并且垂直于基准轴线的两平行平面之间的区域	被测心轴 基准心轴 基准轴线和被测轴线均由心轴模拟，转动基准心轴，在被测距离为 L_2 的两个位置上测得数值分别为 M_1 和 M_2，垂直度误差为 $f=\frac{L_1}{L_2}\mid(M_1-M_2)\mid$ 式中　L_1—被测轴线的长度
	（2）给定互相垂直的两个方向 ⊥ 0.1 A　⊥ 0.2 A ϕd 轴线在互相垂直的两个方向上的垂直度公差分别为 0.1 mm 和 0.2 mm 公差带是一个距离在互相垂直的两个方向上公差分别是 0.1 mm，0.2 mm 的两组平行平面的区域，并且垂直于基准平面	按给定方向上线对面垂直度误差的测量方法，分别测出在互相垂直的两个方向上的垂直度误差

续表

名称	标注示例、读法及公差带	常用检测方法
垂直度	2.在任意方向上 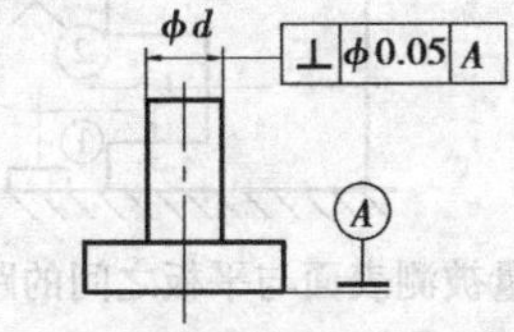 ϕd 轴线(在任意方向上)对基准 A(底面)的垂直度公差为 ϕ0.05 mm 公差带是直径为 0.05 mm,并且垂直于基准平面的圆柱面内的区域	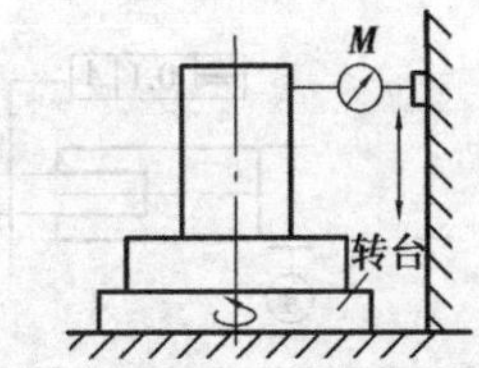 除上述方法测量外,还可在转台上测量,被测件放置在转台上,并使被测轴线与转台回转轴线对中,测量若干横截面内轮廓要素上各点的半径差,并记录在同一坐标图上,用图解法求出其垂直度误差
倾斜度	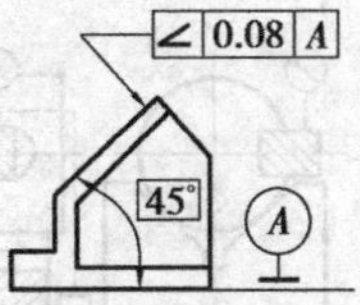 斜面对基准 A(底面)的倾斜度公差为 0.08 mm 公差带是距离为 0.08 mm,并且垂直于基准平面成 45°角的两平行平面之间的区域	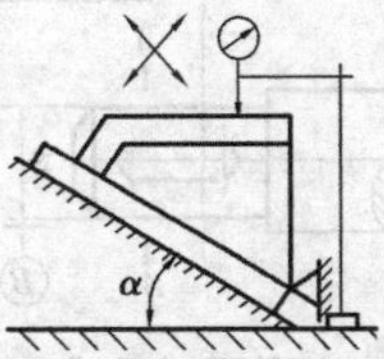 将被测件放在定角上,调整被测件,使整个被测表面的读数差为最小值,指示表的最大与最小读数之差为其倾斜度误差
同轴度	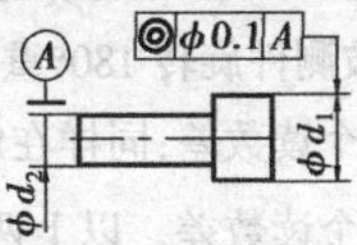 ϕd_1 轴线对 ϕd_2 基准轴线的同轴度公差为 ϕ0.01 mm 公差带是直径为 0.1 mm,并且与基准轴线同轴的圆柱面内的区域	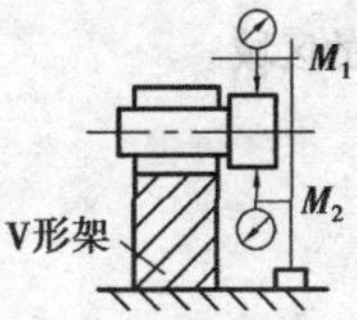 基准轴线由 V 形架模拟,将两指示表分别在铅垂轴向截面调零,先在轴向截面上测量,各对应点的读数差值 $\|M_1-M_2\|$ 中最大值为该截面上的同轴度误差,然后转动被测零件测若干个截面,取各截面测得的读数差中最大值(绝对值)作为该零件的同轴度误差,此法适用于被测形状误差较小的零件

续表

<table>
<tr><th>名称</th><th>标注示例、读法及公差带</th><th>常用检测方法</th></tr>
<tr><td rowspan="2">对称度</td><td>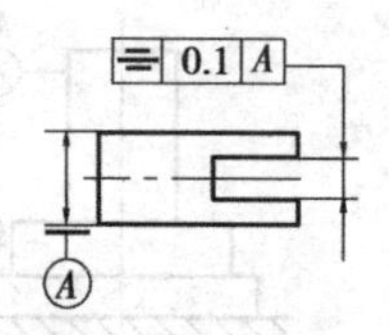
槽的中心面对基准 A(两外平行面的中心平面)的对称度公差为 0.1 mm
公差带是距离为 0.1 mm,并且相对基准中心平面对称配置的两平行平面之间的区域</td><td>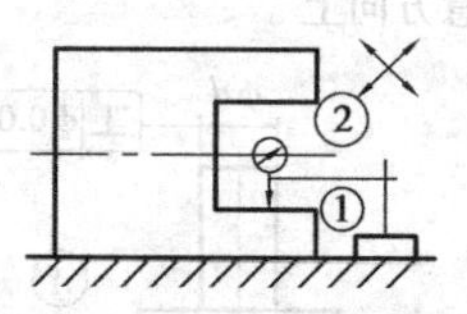
①测量被测表面与平板之间的距离
②将被测零件翻转后,测量另一被测表面与平板之间的距离,取测量截面内对应两测点的最大差值作为对称度误差</td></tr>
<tr><td>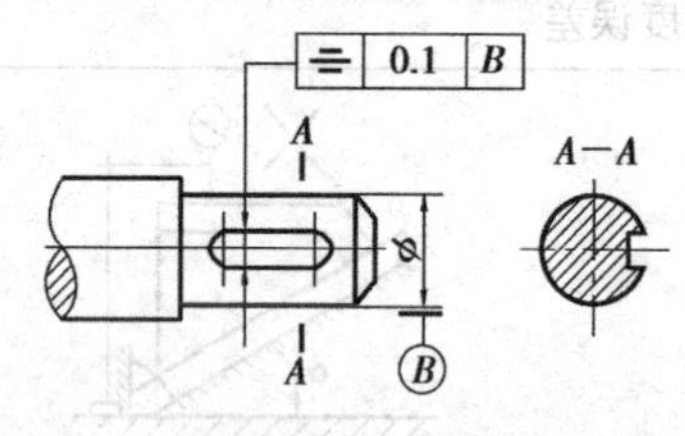

键槽的中心平面对基准 B(轴线)的对称度公差为 0.1 mm
公差带是距离为 0.1 mm,并且相对基准轴线(通过基准轴线的辅助平面)对称配置的两平行平面之间的区域</td><td>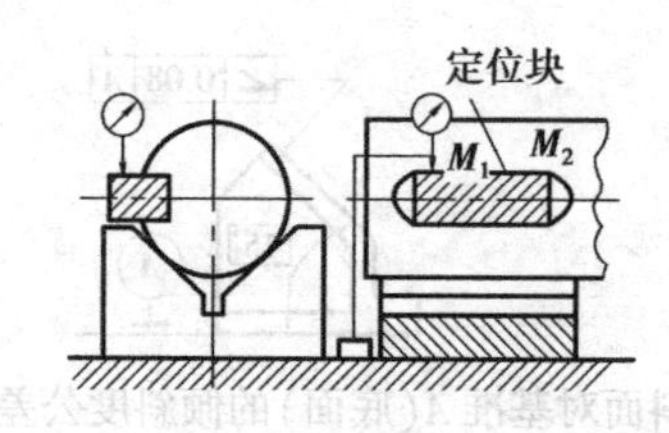

基准轴线由 V 形架模拟,被测中心平面由定位块模拟
先在定位块一端 M_1 处测量、调整被测件使定位块沿径向与平板平行,测量定位块至平板的距离,再将被测件旋转 180°重复上述测量,得到指示表的一个读数差;同样在定位块另一端 M_2 处测得另一个读数差。以上两个读数差中较大值为 a_1,较小值为 a_2,则轴槽的对称度误差为
$$f=\frac{d(a_1-a_2)+2a_2h}{2(d-h)}$$
式中 d—轴的直径
h—键槽深度
a_1,a_2—测得的读数差,且 $|a_1|>|a_2|$</td></tr>
</table>

续表

<table>
<tr><th>名称</th><th>标注示例、读法及公差带</th><th>常用检测方法</th></tr>
<tr><td rowspan="2">位置度</td><td>位置度
Sϕ0.08 A B
球 ϕD 的球心对基准 A,B 的位置度公差为ϕ0.08 mm</td><td>先装上标准零件，放置适当直径的钢球，将指示表调零；然后换上被测件，以钢球球心模拟被测球面中心，被测件回转一周，径向指示表最大读数差的一半为径向误差 f_x，垂直方向指示表最大读数为轴向误差 f_y，被测点位置度误差为
$$f = 2\sqrt{f_x^2 + f_y^2}$$</td></tr>
<tr><td>ϕD
ϕ0.1 A B C
ϕD 孔轴线对基准 A，B，C 的位置度公差为ϕ0.1 mm
公差带是直径为0.1 mm，并且以线的理想位置为轴线的圆柱面内的区域</td><td>按基准顺序调整被测件，使其与测量装置的坐标方向一致，将心轴插入被测孔中，测量心轴相对基准的坐标尺寸 x_1,x_2,y_1,y_2，则孔的实际坐标尺寸为
$$x = \frac{x_1 + x_2}{2} \qquad y = \frac{y_1 + y_2}{2}$$
将 x,y 分别与相应的理论正确尺寸比较得到 f_x,f_y，则位置度误差为 $f = 2\sqrt{f_x^2+f_y^2}$。然后被测件翻转，重复上述测量，取其中较大误差值作为该件的位置度误差</td></tr>
</table>

续表

<table>
<tr><th>名称</th><th>标注示例、读法及公差带</th><th>常用检测方法</th></tr>
<tr><td rowspan="3">圆跳动</td><td>1.径向圆跳动
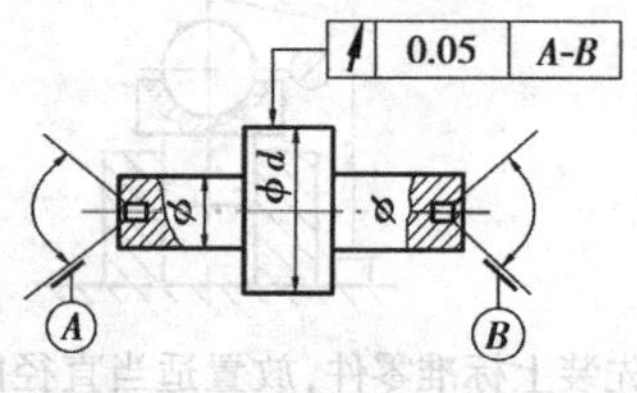

ϕd 圆柱面对基准 A-B(两中心孔轴线)的径向圆跳动公差为 0.05 mm
公差带是在垂直于基准轴线的任一测量平面内半径为 0.05 mm,并且圆心在基准轴线上的两同心圆之间的区域</td><td>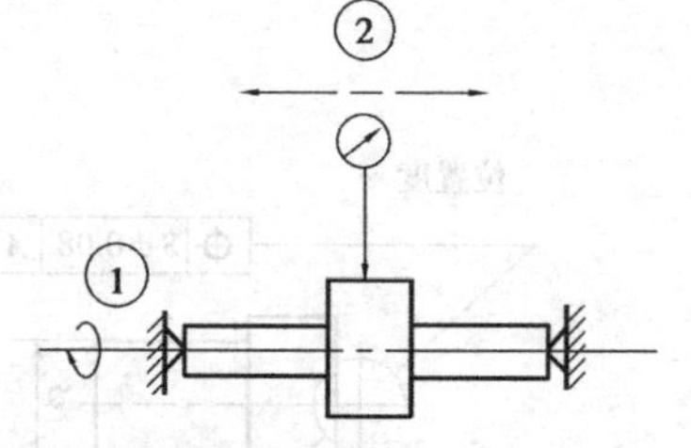

基准轴线由两顶针尖模拟
①被测件回转一周,指示表读数最大差值为单个测量平面上的径向圆跳动
②以各个测量平面测得的跳动量中的最大值为该件的径向圆跳动</td></tr>
<tr><td>2.端面圆跳动
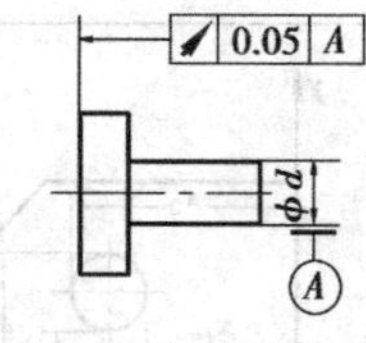

端面对基准 A(ϕd 轴线)的端面跳动公差为 0.05 mm
公差带是在与基准轴线同轴的任一直径位置的测量圆柱面上的沿母线方向宽度为 0.05 mm 的圆柱面区域</td><td>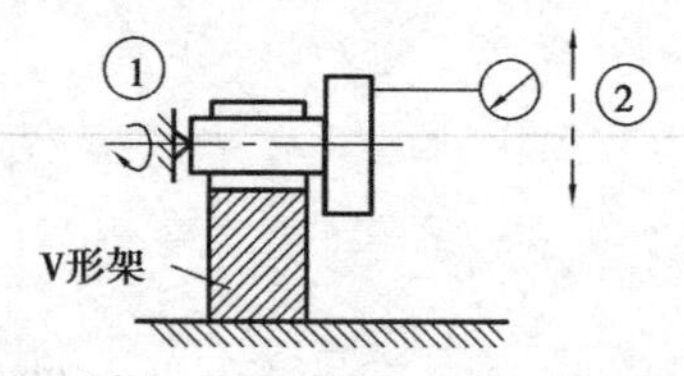

基准轴线由 V 形架模拟
被测件由 V 形架支承,并在轴向定位
①被测件回转一周,指示表读数的最大差值为单个测量圆柱面上的端面圆跳动
②以各个测量圆柱面上测得的跳动量中最大值为该件端面圆跳动</td></tr>
<tr><td>3.斜向圆跳动
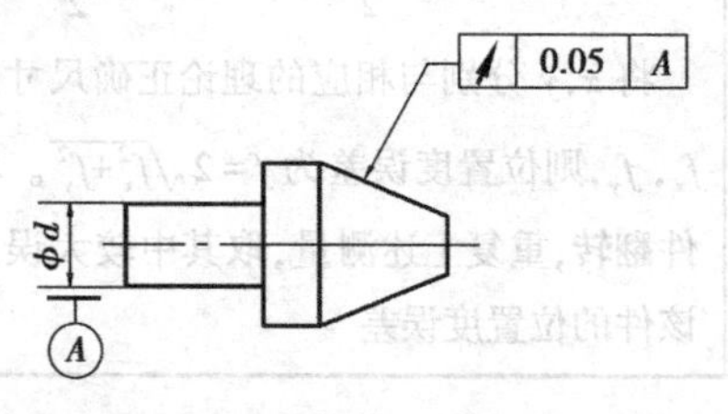

圆锥面对基准 A(ϕd 轴线)的斜向圆跳动公差为 0.05 mm
公差带是在与基准轴线同轴的任一测量圆锥面上,沿母线方向宽度为 0.05 mm 的圆锥面区域(除特殊规定外,其测量方向是被测面的法线方向)</td><td>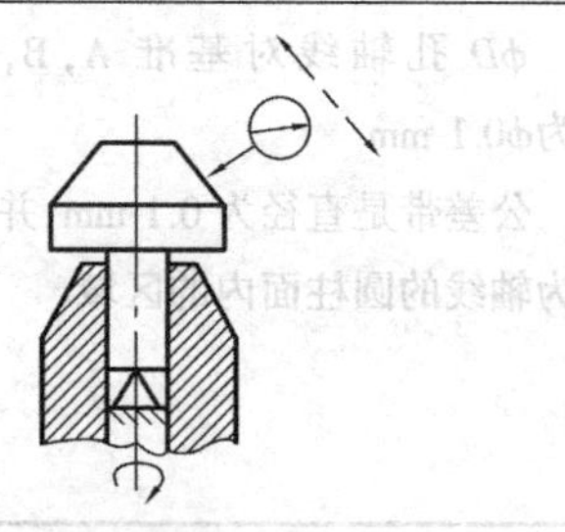
基准轴线由导向套模拟
被测件固定在导向套筒内,并在轴向定位
①被测件回转一周,指示表读数的最大差值为单个测量圆锥面上斜向圆跳动,测量时指示表测头要垂直于被测面
②以各个测量圆锥面上测得的跳动量中最大值为该零件的斜向圆跳动</td></tr>
</table>

续表

名称	标注示例、读法及公差带	常用检测方法
全跳动	1.径向全跳动 ϕd_2 圆柱面对基准 *A*-*B*(两个 ϕd 公共轴线)的径向全跳动公差为 0.02 mm 公差带是半径差为 0.2 mm,并且与基准轴线同轴的两圆柱面之间的区域	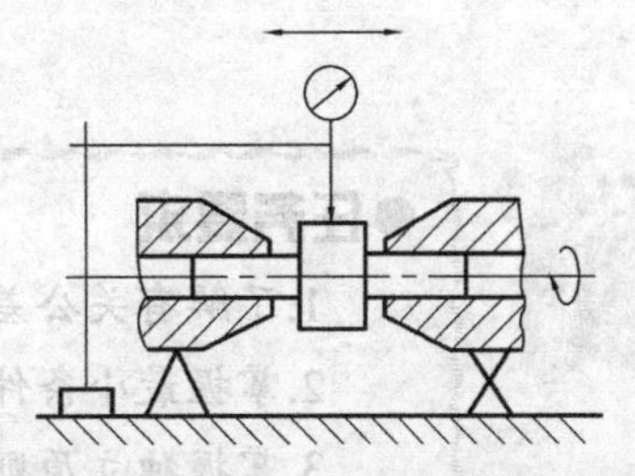 将被测件固定在同轴导向套管内,同时在轴向定位并调整该对套筒,使其与平板平行 在被测零件连续回转过程中同时让指示表沿基准轴线方向作直线运动,指示表最大差值为该测件的径向全跳动
全跳动	2.端面全跳动 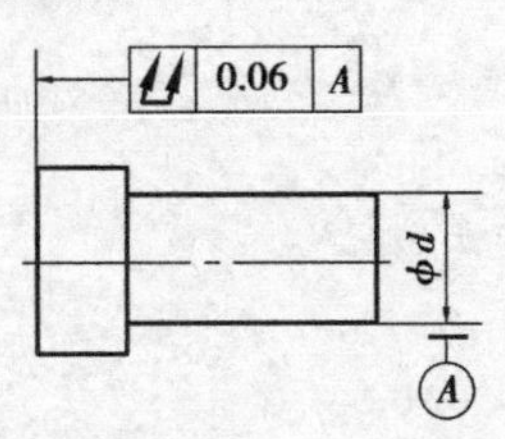 端面对基准 *A*(ϕd 轴线)的端面全跳动公差为 0.06 mm 公差带是距离为 0.06 mm,并且与基准轴线垂直的两平行平面之间的区域	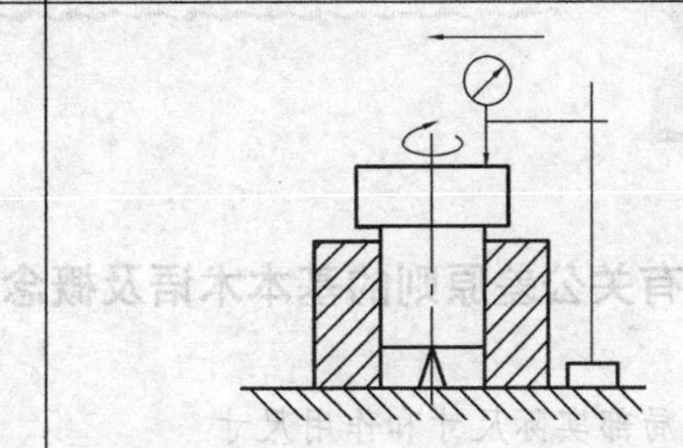 被测件支承在导向套内,并在轴向定位,导向套的轴线应与平板垂直 在被测件连续回转过程中同时让指示表沿其径向作径向直线运动,指示表读数最大差值为该被测件的端面全跳动

学习评价表

考核项目	考核要求	配分	得分
1.标注形状公差	标对1个得10分	30分	
2.标注位置公差	标对1个得10分	30分	
3.识读形状公差	读对1个得10分	20分	
4.识读位置公差	读对1个得10分	20分	
总　计			

任务 3.5　公差原则

●任务要求

1. 了解有关公差原则的基本术语及概念。
2. 掌握最小条件原则。
3. 掌握独立原则、相关原则。

●任务实施

3.5.1　有关公差原则的基本术语及概念

(1)局部实际尺寸和作用尺寸

1)局部实际尺寸

局部实际尺寸是指在实际要素的任意正截面上,两对应点之间测得的距离。轴的局部实际尺寸为 d_{a1},d_{a2},d_{a3},…,如图 3.25 所示。

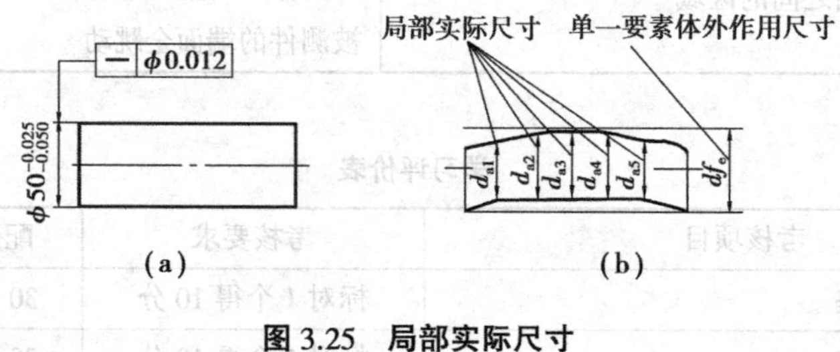

图 3.25　局部实际尺寸

2)体外作用尺寸

体外作用尺寸是在被测要素给定长度上,与实际孔体外相接的最大理想轴或与实际轴体外相接的最小理想孔的直径或宽度。

孔和轴的体外作用尺寸如图 3.26 所示。

由于被测要素存在形状误差,孔的体外作用尺寸小于实际尺寸,轴的体外作用尺寸大于实际尺寸。

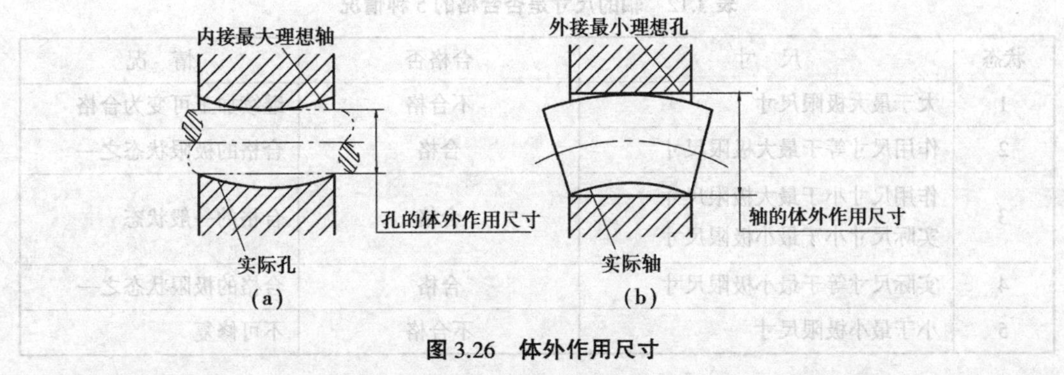

图 3.26　体外作用尺寸

对于被测要素为关联要素体外作用尺寸，该理想的轴线或中心平面必须与基本尺寸保持图样给定的几何关系。孔或轴关联要素体外作用尺寸如图 3.27 所示。

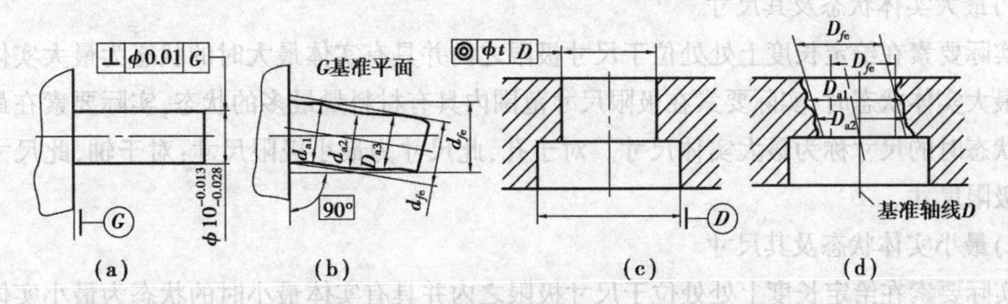

局部实际尺寸 d_{a1}，d_{a2}，D_{a1}，D_{a2}　体外作用尺寸 d_{fe}，D_{fe}　关联体外作用尺寸 d_{fe}，D_{fe}

图 3.27　关联要素的体外作用尺寸

由于制成的零件同时存在尺寸误差和形状误差，因此，配合的孔和轴不能从实际尺寸来判断它是否合格，而要从它的作用尺寸来加以判断。国家标准中规定了极限尺寸的判断原则，国际上又称为泰勒原则。

用极限尺寸判断孔或轴是否合格，见表 3.11 和表 3.12。

表 3.11　孔的尺寸是否合格的 5 种情况

状态	尺　寸	合格否	情　况
1	小于最小极限尺寸	不合格	继续加工可变为合格
2	作用尺寸等于最小极限尺寸	合格	合格的极限状态之一
3	作用尺寸小于最小极限尺寸 实际尺寸小于最大极限尺寸	合格	合格的状态一般
4	实际尺寸等于最大极限尺寸	合格	合格的极限状态之一
5	大于最大极限尺寸	不合格	不可修复

表 3.12　轴的尺寸是否合格的 5 种情况

状态	尺　寸	合格否	情　况
1	大于最大极限尺寸	不合格	继续加工可变为合格
2	作用尺寸等于最大极限尺寸	合格	合格的极限状态之一
3	作用尺寸小于最大极限尺寸 实际尺寸小于最小极限尺寸	合格	合格的一般状态
4	实际尺寸等于最小极限尺寸	合格	合格的极限状态之一
5	小于最小极限尺寸	不合格	不可修复

(2)实体状态和实际尺寸

1)最大实体状态及其尺寸

实际要素在给定长度上处处位于尺寸极限之内并具有实体最大时的状态为最大实体状态。最大实体状态时,实际要素在极限尺寸范围内具有材料量最多的状态,实际要素在最大实体状态时的尺寸称为最大实体尺寸。对于孔,此尺寸为最小极限尺寸;对于轴,此尺寸为最大极限尺寸。

2)最小实体状态及其尺寸

实际要素在给定长度上处处位于尺寸极限之内并具有实体最小时的状态为最小实体状态。最小实体状态时,实际要素在极限尺寸范围内具有材料量最少的状态,实际要素在最小实体状态时的尺寸称为最小实体尺寸。对于孔,此尺寸为最大极限尺寸;对于轴,此尺寸为最小极限尺寸。

3)最大实体实效状态及其尺寸

实效状态分为单一要素最大实体实效状态和关联要素最大实体实效状态。

所谓单一要素最大实体实效状态,是指在给定长度上,实际要素处于最大实体状态且中心要素的形状误差等于给出公差值时的综合极限状态,该极限状态应具有理想形状,在单一要素最大实体实效状态下的体外作用尺寸称为单一要素最大实体实效尺寸。

如图 3.28(a)、(c)所示的销(或孔),当实际要素处于最大实体尺寸 $\phi20$ mm,且轴线直线度误差达到公差值 $\phi0.1$ mm 时,则处于最大实体实效状态。

所谓关联要素最大实体实效状态,是指在给定长度上,实际要素处于最大实体状态且中心要素的位置误差等于给出公差值时的综合极限状态。该极限状态不但应具有理想形状,而且还必须符合图样上所给定的要素之间的关系,在关联要素最大实体实效状态下的体外作用尺寸称为关联要素最大实体实效尺寸。

如图 3.29(a)所示为一轴的零件图,如图 3.29(b)所示为其实际零件。当轴的实际尺寸等于最大实体尺寸 $\phi20$ mm,而轴线直线度误差达到 $\phi0.1$ mm、垂直度误差也达到极限情况 $\phi0.2$ mm时,轴则处于最大实体实效状态。

关联要素最大实体实效尺寸的计算公式为

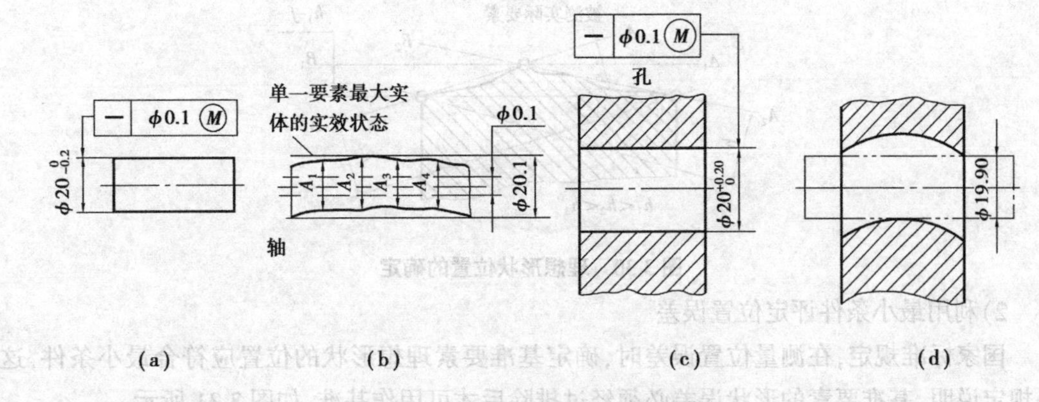

图 3.28　单一要素最大实体实效状态

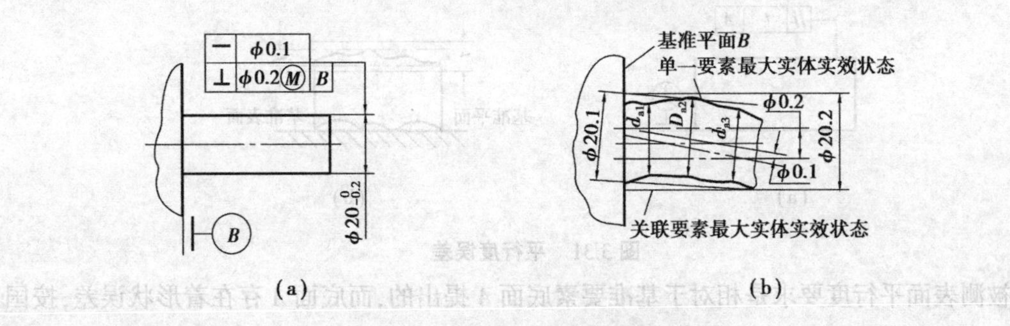

图 3.29　关联要素最大实体实效状态

关联要素最大实体实效尺寸 = 最大实体尺寸 ± 位置公差

计算轴类要素时取"+",计算孔类要素时取"−"。

尺寸为最大实体实效尺寸的边界,称为最大实体实效边界。

3.5.2　最小条件原则

被测的实际要素是零件上客观存在的几何要素,而理想要素则是设计者给定的理想形态。为了确定形状误差,首先要确定理想要素在实际零件上的相应位置。在国家标准中规定,在评定形状误差时,理想要素的确定应符合最小条件原则。

(1)最小条件

最小条件指的是被测实际要素对其理想要素的最大变动量为最小。这个变动量的大小用一个最小包容区的宽度来表示。理想要素应与被测实际要素相接触而不相割。

(2)最小条件在评定形位误差中的应用实例

1)利用最小条件评定直线度或平面度

如图 3.30 所示,被测要素 ABC 可以是直线或平面,当用两平行的理想直线或平面包容该实际直线或平面时,可以有无数个包容区。其中,有一个包容区的宽度 $h_1=f$ 是最小的,该包容区为被测要素的最小包容区;f 为实际要素相对于理想要素 A_1-B_1 的最大偏离量,即实际要素的形状误差。实际要素 ABC 相接触的要素 A_1-B_1 就是符合最小条件的理想要素。

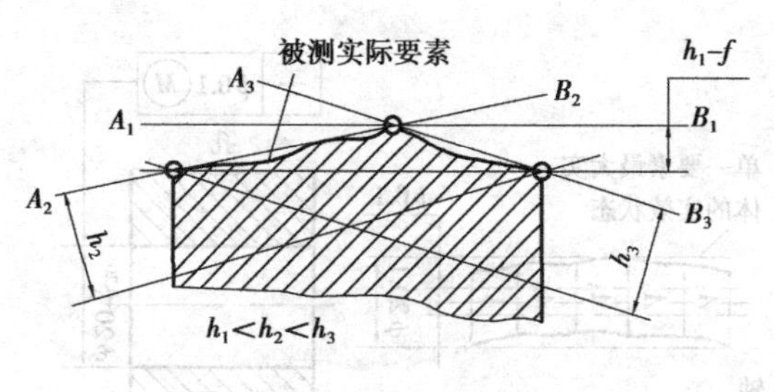

图 3.30　理想形状位置的确定

2) 利用最小条件评定位置误差

国家标准规定,在测量位置误差时,确定基准要素理想形状的位置应符合最小条件,这一规定说明,基准要素的形状误差必须经过排除后才可用作基准,如图 3.31 所示。

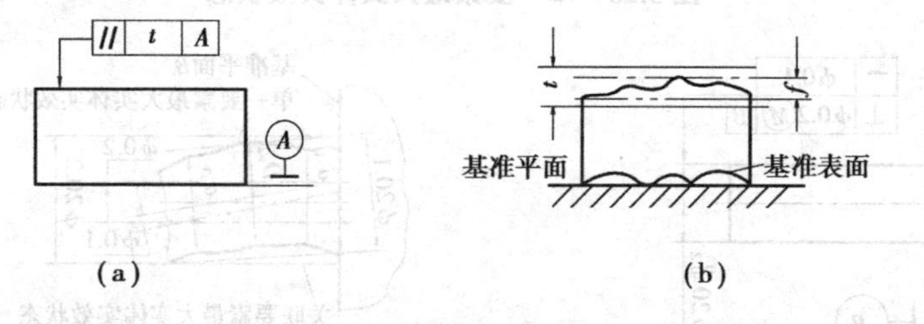

图 3.31　平行度误差

被测表面平行度要求是相对于基准要素底面 A 提出的,而底面 A 存在着形状误差,按国家标准规定,作为位置公差基准的部位,要以理想形状的位置来取代,即要符合最小条件。故在实际使用中,将底面 A 放置在精度较高的基准平面上,使基准平面取代底面 A 来作为测量基准,对被测量顶面进行测量。如图 3.31 所示,平板平面相当于基准平面,是符合最小条件的理想平面;基准表面是零件上实际存在的,拿它与平板相接触就形成模拟基准平面,其平行度公差 t 和误差 f 都平行于基准平面,误差 f 符合最小条件。

3.5.3　独立原则、相关原则

公差原则就是处理尺寸公差和形位公差关系的规定,公差原则分为独立原则和相关原则两大类。

(1) 独立原则

独立原则是指图样上给定的形位公差与尺寸公差相互无关,应分别满足要求的一种公差原则,应用独立原则的尺寸公差和形位公差在图样上不作任何附加的标记,如图 3.32 所示。

(2) 相关原则

相关原则是指图样上给定的形位公差与尺寸公差互相有关的公差原则。

根据形位公差与尺寸公差相互关系的不同,相关要求又分为最大实体要求(MMR)、最小实体要求(LMR)、包容要求(ER)和可逆要求(RR)。

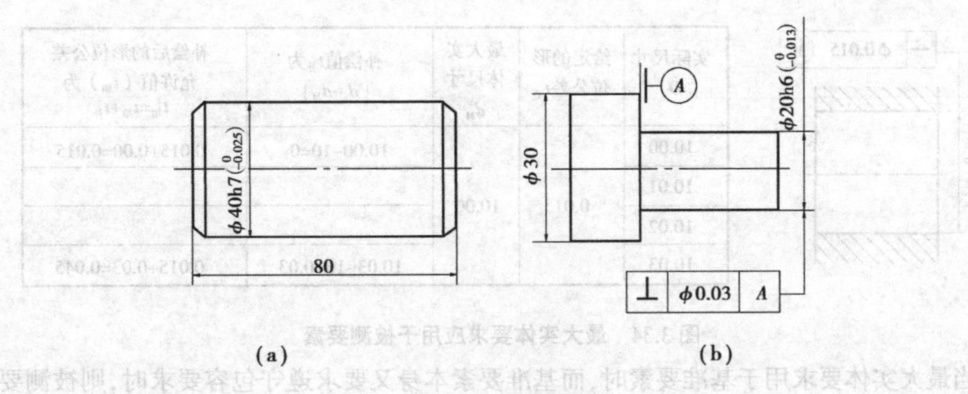

图 3.32　独立原则

1)包容要求(ER)

被测要素处处不得超越最大实体边界的要求,此要求适用于单一要素,且机器零件上配合性质要求严格的配合表面。

包容要求的表示方法是在该被测要素的尺寸极限偏差或公差代号后面加注符号Ⓔ。如图 3.33 所示,$\phi 20^{\ 0}_{-0.2}$ mm 是要求轴径的尺寸公差和轴线直线度之间遵守包容要求。该轴的实际表面和轴线应位于最大实体尺寸,并具有理想形状的包容圆柱面之内,当实际要素偏离最大实体尺寸时,允许存在形状误差,偏离多少,形状误差就允许多少,不偏离,则不允许有形状误差。总之,该实际要素的实体不得超越出其最大实体尺寸。

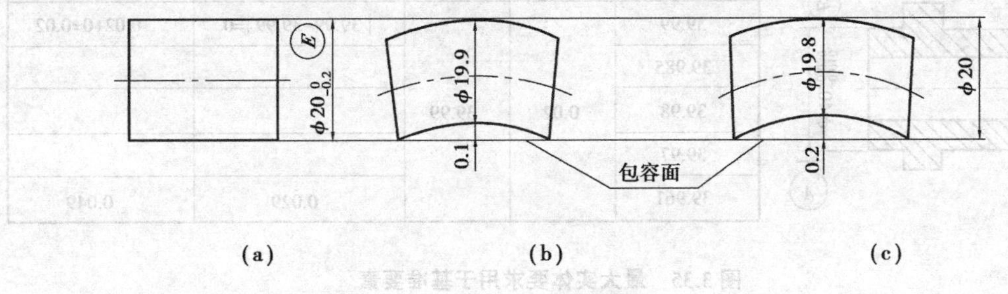

图 3.33　包容要求

2)最大实体要求(MMR)

被测要素的实际轮廓处于其最大实体实效边界。当其实际尺寸偏离最大实体尺寸时,允许其形位误差值超出在最大实体状态下给出的公差值的一种要求,最大实体要求适用于中心要素,如轴线、中心平面等,最大实体要求多用于只要求装配性的零件。

当最大实体要求应用于被测要素时,则被测要素的形位公差值是在该要素处于最大实体状态时给定的。如被测要素偏离最大实体状态时,则形位公差值允许增大,其最大的增大量为这个要素的最大实体尺寸与最小实体尺寸之差的绝对值。简单地说,就是当被测孔的实际尺寸大于(小于)其最大实体尺寸时,则实际允许的形位尺寸公差值也可在给定的形位公差值的基础上增大,其增大量也是实际尺寸与最大实体的形位公差值也可在给定的形位公差值的基础上增大。其增大量也是实际尺寸与最大实体尺寸之差的绝对值。如图 3.34 所示,其标注方法是在形位公差框格的第二个公差值后加写Ⓜ,表示该公差采用最大实体要求。

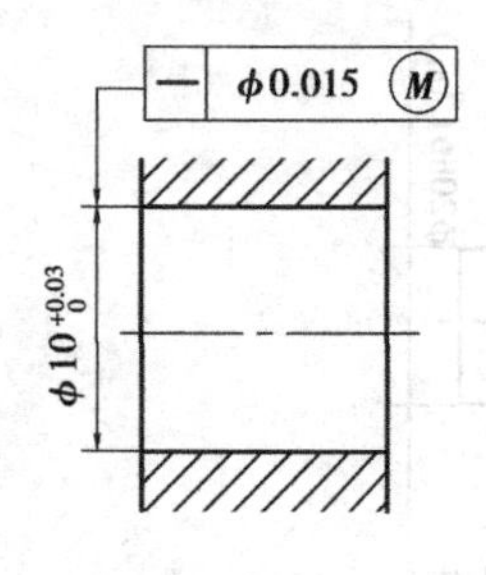

实际尺寸 D_a	给定的形位公差$t_{给}$	最大实体尺寸 d_M	补偿值$t_{补}$为 $\|d_a-d_M\|$	补偿后的形位公差允许值（$t_{相}$）为 $t_{相}=t_{给}+t_{补}$
10.00	0.015	10.00	10.00−10=0	0.015+0.00=0.015
10.01				
10.02				
10.03			10.03−10=0.03	0.015+0.03=0.045

图 3.34　最大实体要求应用于被测要素

当最大实体要求用于基准要素时，而基准要素本身又要求遵守包容要求时，则被测要素的位置公差值是在基准要素处于尺寸为最大实体尺寸的理想包容面时给定的，如基准要素偏离最大状态时，被测要素的定向或定位公差值允许增大，其最大的增大量为该基准要素的最大实体尺寸与最小实体尺寸之差的绝对值，简单地说，就是该基准孔的实际尺寸大于其本身的最大实体尺寸时，被测要素的实际允许的位置公差值就可在给定值的基础上增大，其增大量就是基准要素的实际尺寸与最大实体尺寸之差的绝对值，如图 3.35 所示。其标注方法就是在公差框格中的基础符号后加写Ⓜ，并在基础尺寸的公差后面加写Ⓔ来表示。

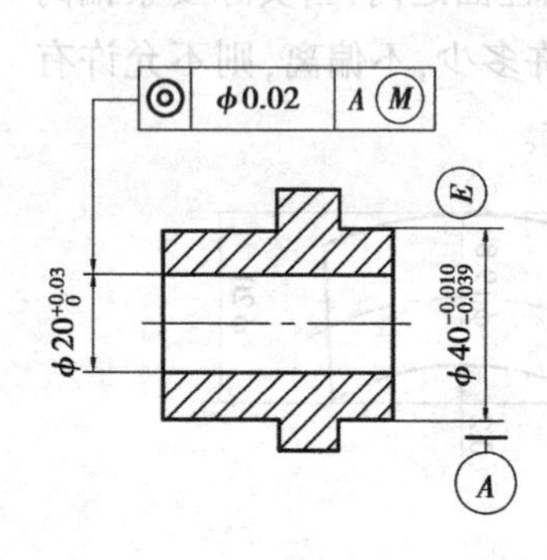

基准实际尺寸 d_a	给定的位置公差$t_{给}$	基准最大实体尺寸 d_M	补偿值$t_{补}$为 $\|d_a-d_M\|$	补偿后的被测位置公差值（$t_{相}$）为 $t_{相}=t_{给}+t_{补}$
39.99	0.02	39.99	|39.99−39.99|=0	0.02+0=0.02
39.985				
39.98				
39.97				
39.961			0.029	0.049

图 3.35　最大实体要求用于基准要素

3）最小实体要求（LMR）

最小实体要求是控制被测要素的实际轮廓处于其最小的实体实效边界之内的一种公差要求，当其实际尺寸偏离最小实体尺寸时，允许其形位误差值超出在最小实体状态下给出的公差值。

最小实体要求适合用于中心要素，如轴线、中心平面等，最小实体要求多用于保证零件的强度要求，对孔类零件，保证其最小壁厚；对轴类零件，保证其最小有效截面。采用最小实体要求后，在满足零件使用要求的同时，在一定的条件下，扩大了被测要素的形位公差，提高了零件的合格率，具有较好的经济性。

4）可逆要求（RR）

可逆要求是指中心要素的形位误差小于给出的形位公差值时，允许在满足零件功能要求的前提下扩大尺寸公差的一种要求。

采用了可逆要求后，在不影响零件功能的前提下，形位公差可补偿尺寸公差，可逆要求

用于被测要素时，通常与最大实体要求或最小实体要求一起使用。

学习评价表

考核项目	考核要求	配分	得分
1.局部实际尺寸和作用尺寸的概念	答对1个得15分	30分	
2.什么是独立原则	答对得20分	20分	
3.什么是相关原则	答对1个得10分	30分	
4.什么是最小条件原则	答对得20分	20分	
总　计			

实践与训练

一、填空题

1.构成零件几何特征的点、线、面的总称是________。

2.在表3.13中写出形位公差各项目的符号。

表3.13

项 目	符 号	形位公差类别	项 目	符 号	形位公差类别
同轴度		位置公差	圆　度		形状公差
圆柱度		形状公差	平行度		位置公差
位置度		位置公差	平面度		形状公差
面轮廓度		形状公差或位置公差	圆跳动		位置公差
全跳动		位置公差	直线度		形状公差

3.形位公差由________、________和位置公差3类组成。

4.形位公差带是由________、________、________及位置4个基本要素组成。

5.识图填空(见图3.36)。

被测要素是________________，基准要素是________________。

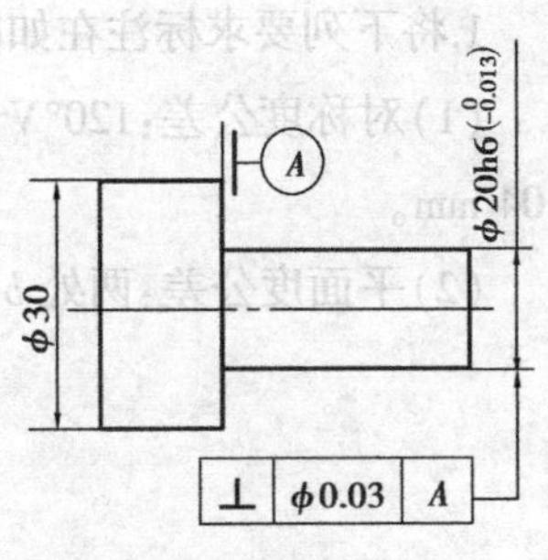

图3.36

二、判断题(用“√”表示对,“×”表示错,填入括号内)

1.形位公差的研究对象是零件的几何要素。 (　　)

2.形位公差代号由 3 部分组成。 (　　)

3.直线度有基准。 (　　)

4.基准要素为中心要素时,基准符号应该与该要素的轮廓要素尺寸线错开。 (　　)

5.基准符号里的基准字母只能水平书写。 (　　)

三、选择题

1.标注正确的是(　　)。

A　　*B*　　*C*　　*D*

A.　　B.　　C.　　D.

2.下列错误的是(　　)。

| — | 0.05 |　| — | 0.05 |　| — | 0.05 | *A* |

A.　　B.　　C.

3.某轴线对基准中心平面的对称度公差为 0.1 mm,则允许该轴线对基准中心平面的偏离量为(　　)。

A.0.05　　B.0.15　　C.0.2

四、综合题

1.将下列要求标注在如图 3.37 所示的零件图上:

(1)对称度公差:120°V 形槽的中心平面对 $60_{-0.03}^{\ 0}$ 的两平面的中心平面的对称度公差为 0.04 mm。

(2)平面度公差:两处 *b* 表面的平面度公差为 0.01 mm。

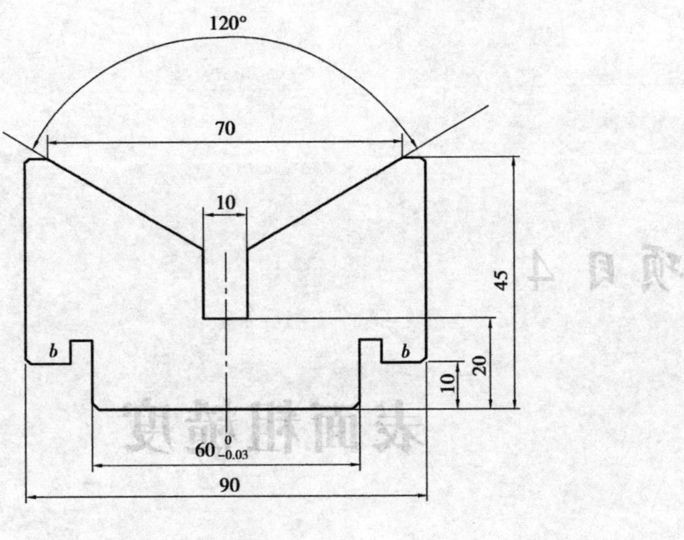

图 3.37

项目 4

表面粗糙度

●项目概述

本项目是理解零件表面质量要求的重要部分。本项目讲解了表面粗糙度的概念、术语及评定参数,表面粗糙度的检测。要求学生理解零件的表面粗糙度质量要求,会使用量具仪器检测零件表面粗糙度。

●项目内容

表面粗糙度的概念、术语及评定参数,表面粗糙度的检测。

●项目目标

理解零件的表面粗糙度质量要求,会使用量具仪器检测零件表面粗糙度。

任务 4.1　表面粗糙度的基本概念

●任务要求

1.理解表面粗糙度的概念以及对零件性能的影响。

2.掌握表面粗糙度的术语及评定参数。

●任务实施

4.1.1　表面粗糙度的概念

表面粗糙度反映的是零件被加工表面上的微观几何形状误差，是指加工表面上具有的较小间距和峰谷所组成的微观几何形状特性。通常可按波形起伏间距 λ 和幅度 h 的比值来划分。比值小于 40 时，为表面粗糙度；比值范围为 40～1 000 时，属表面波度；比值大于1 000时，纳入形状误差考虑。加工误差示意图如图 4.1 所示。

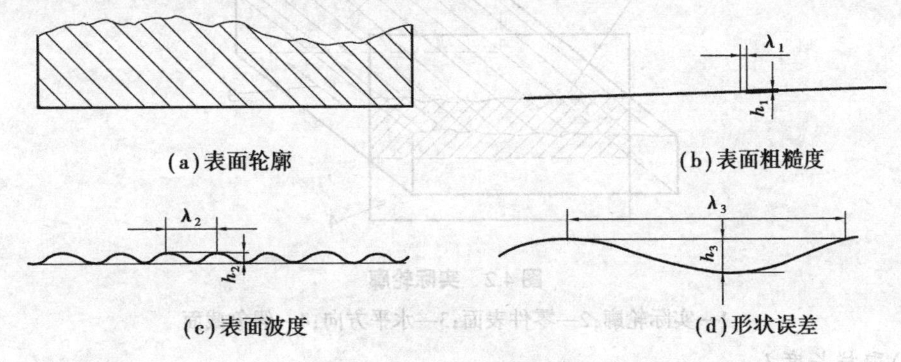

图 4.1　加工误差示意图

4.1.2　表面粗糙度对零件使用性能的影响

表面粗糙度对零件使用性能的影响主要有以下 5 个方面：

(1)对摩擦和磨损的影响

零件实际表面越粗糙,摩擦系数越大,加速磨损。

(2)对配合性质的影响

表面粗糙度会影响到配合性质的稳定性。对于间隙配合,会因表面粗糙很快磨损而使间隙增大;对于过盈配合,粗糙表面轮廓的峰顶在装配时被挤平,实际有效过盈减小,降低了联接强度。

(3)对疲劳强度的影响

表面越粗糙,表面微观不平度的凹谷一般就越深,应力集中更严重,零件在交变应力作用下,零件疲劳损坏的可能性就越大,疲劳强度就越低。

(4)对接触刚度的影响

表面越粗糙,其实际接触面积就越小,接触刚度降低,影响机器的工作精度和抗振性。

(5)对耐腐蚀性能的影响

粗糙的表面易使腐蚀性物质附着于表面的微观凹谷,并渗入金属内层,造成表面锈蚀。

此外,表面粗糙度对零件结合面的密封性能、外观质量和表面涂层的质量等都有很大的影响。因此,在所有零件加工图中,均提出了不同的表面粗糙度要求。

4.1.3 表面粗糙度基本术语及定义

(1)实际轮廓

实际轮廓是指平面与实际表面相交所得的轮廓线(见图4.2)。检测表面粗糙度时,要求在与加工纹理相垂直的实际轮廓上进行。

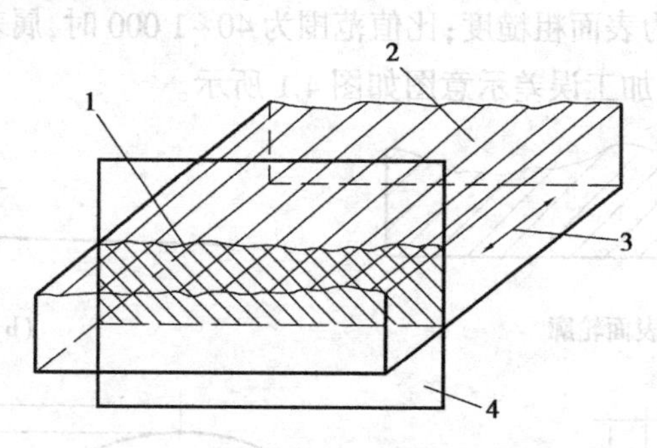

图4.2 实际轮廓

1—实际轮廓;2—零件表面;3—水平方向;4—假象截面

(2)取样长度 l

取样长度是指用于判别具有表面粗糙度特征的一段基准线长度。在取样长度范围内,一般应包含至少5个轮廓峰和轮廓谷(见图4.3)。

(3)评定长度 l_n

评定长度是指评定轮廓表面粗糙度所必需的一段长度,一般为5倍取样长度(见图

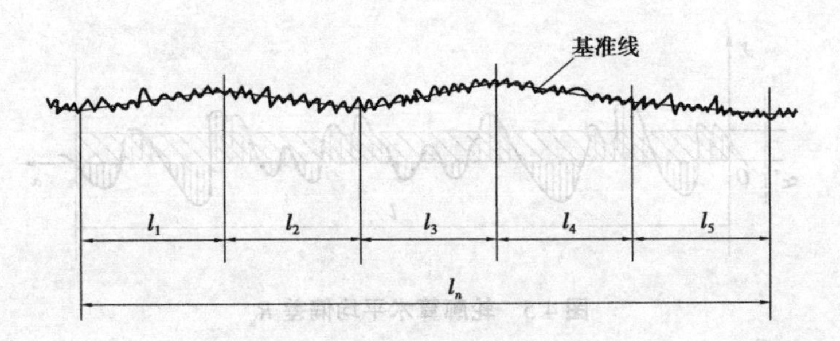

图 4.3 取样长度和评定长度

4.3)。有关数值已经标准化。

(4)基准线

用以评定表面粗糙度参数值大小的一条参考线，称为基准线。

①轮廓最小二乘中线。在取样长度内，使轮廓上各点至一条假想线距离平方和为最小。

②轮廓算术平均中线。在取样长度内，基准线使上下两部分面积之和相等。

轮廓中线如图 4.4 所示。

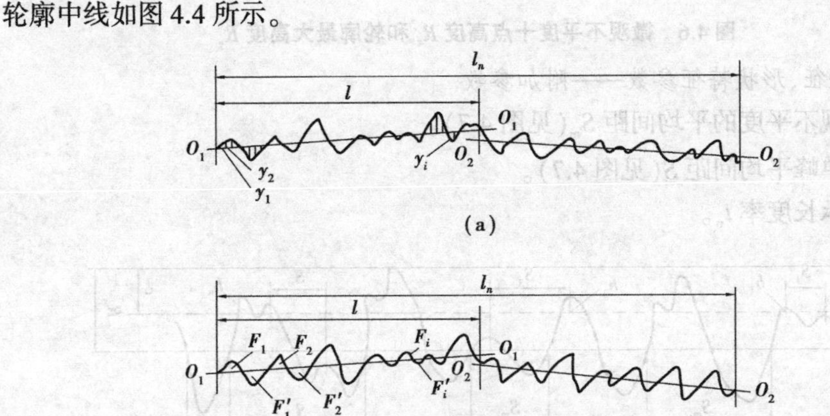

图 4.4 轮廓中线

无论是最小二乘中线还是轮廓算术平均中线，它们的确定都比较困难。实测时，用目测法估计确定。

4.1.4 表面粗糙度评定参数

(1)高度特征参数——主参数

1)轮廓算术平均偏差 R_a

在取样长度内，被测实际轮廓上各点至基准线距离 y_i 的绝对值的算术平均值(见图 4.5)。

2)微观不平度十点高度 R_z

在取样长度内，被测实际轮廓上 5 个最大轮廓峰高的平均值与 5 个最大轮廓谷深的平均值之和(见图 4.6)。

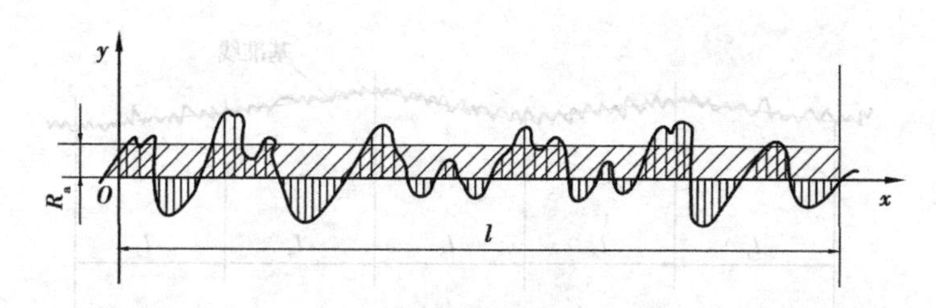

图 4.5 轮廓算术平均偏差 R_a

3）轮廓最大高度 R_y

在取样长度内，轮廓峰顶线与轮廓谷底之间的距离（见图 4.6）。

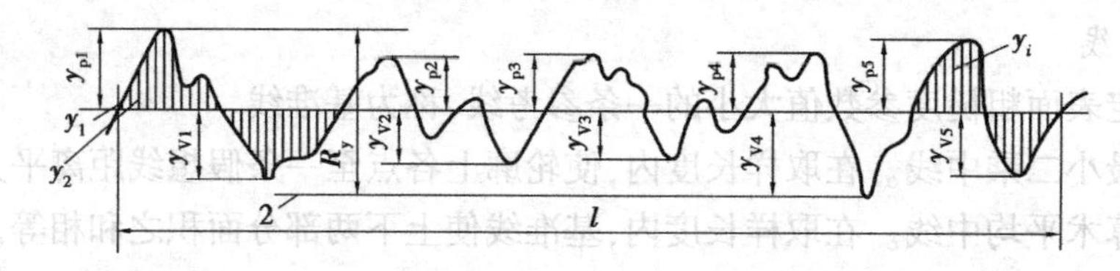

图 4.6 微观不平度十点高度 R_z 和轮廓最大高度 R_y

（2）间距特征、形状特征参数——附加参数

①轮廓微观不平度的平均间距 S_m（见图 4.7）。

②轮廓的单峰平均间距 S（见图 4.7）。

③轮廓支承长度率 t_p。

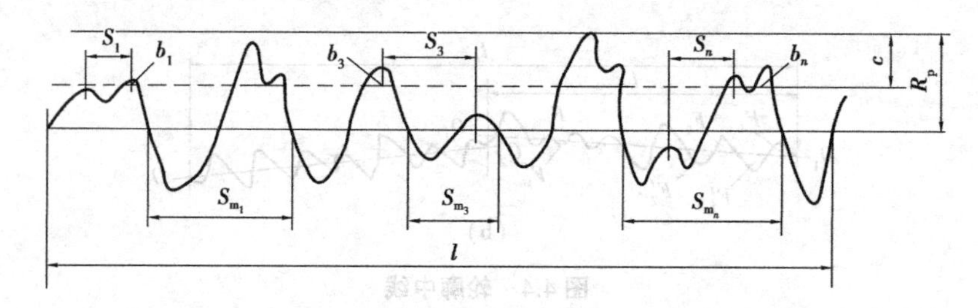

图 4.7 附加评定参数

在 3 个附加评定参数中，S_m 和 S 是属于间距特征参数，t_p 是属于形状特征参数。

4.1.5 评定参数及参数值的选择

（1）评定参数的选择

考虑目前检测技术、检测成本和满足使用要求的综合因素，标准提倡在主参数——高度参数中选取，而且优先选用 R_a。工厂在用图纸的 80%左右用 R_a 作为表面粗糙度检测参数。R_z 值易于在光学仪器上测得，且计算方便，是测量超精加工表面较合适的参数。对要求抗疲劳强度的表面来说，宜采用 R_a 加 R_y 或 R_z 加 R_y。此外，当被测表面很小（不足一个取样长度），不宜采用 R_a 或 R_z 来评定时，也可用参数 R_y。

(2)参数值的选用

表面粗糙度参数值的选用原则是:首先满足功能要求,其次顾及经济合理性;在满足功能要求的前提下,参数的允许值应尽可能大。

表面粗糙度的评定参数值已经标准化。具体选用时,多用类比法来确定表面粗糙度的参数值(见表4.1—表4.3),即先根据经验统计资料初步选定表面粗糙度参数值,然后再对比工作条件作适当调整。

表4.1　轮廓算术平均偏差 R_a 的数值

R_a/μm	0.012	0.2	3.2	50
	0.025	0.4	6.3	100
	0.05	0.8	12.5	
	0.1	1.6	25	

表4.2　微观不平度十点高度 R_z 和轮廓最大高度 R_y 的数值

R_z、R_y/μm	0.025	0.4	6.3	100
	0.05	0.8	12.5	200
	0.1	1.6	25	400
	0.2	3.2	50	800

表4.3　R_a,R_z,R_y 的取样长度与评定长度的选用

R_a/μm	R_z,R_y	L/mm	L_n/mm
≥0.008~0.02	≥0.025~0.1	0.08	0.4
>0.02~0.1	>0.10~0.50	0.25	1.25
>0.1~2.0	>0.50~10.0	0.8	4.0
>2.0~10.2	>10.0~50.0	2.5	12.5
>10.0~80.0	>50.0~320	8.0	40.0

调整时,应考虑以下7点:

①同一零件上,工作表面的粗糙度值应比非工作表面小。

②摩擦表面的粗糙度值比非摩擦表面小,滚动摩擦表面的粗糙度值比滑动摩擦表面小。

③运动速度高、单位面积压力大的表面以及受交变应力作用的重要零件圆角、沟槽的表面粗糙度值都应要小。

④配合性质要求越稳定,粗糙度值应越小。配合性质相同时,小尺寸结合面的粗糙度值应比大尺寸小;同一公差等级时,轴的粗糙度值应比孔小。

⑤表面粗糙度参数值应与尺寸公差及形位公差协调。一般来说,尺寸公差和形位公差小的表面,其粗糙度的值也应小。

⑥防腐性、密封性要求高、外表美观等表面的粗糙度值应较小。

⑦凡有关标准已对表面粗糙度要求作出规定,则应按标准确定的表面粗糙度参数值选取。例如,与滚动轴承配合的轴颈和外壳孔、键槽、各级精度齿轮的主要表面等。

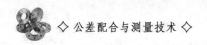

学习评价表

考核项目	考核要求	配分	得分
1.表面粗糙度的概念	答对得10分	10分	
2.表面粗糙度对零件使用性能的影响是什么	答对1个得5分	20分	
3.表面粗糙度的基本术语是哪些	答对1个得5分	20分	
4.表面粗糙度的评定参数有哪些	答对1个得5分	30分	
5.表面粗糙度的评定参数和参数值的选择原则是什么	答对1个得10分	20分	
总　计			

任务4.2　表面粗糙度代号及选用

●任务要求

1.理解零件表面粗糙度要求的含义。

2.会选用表面粗糙度。

●任务实施

4.2.1　表面粗糙度符号和代号

表面粗糙度符号和代号见表4.4。

表 4.4 表面粗糙度代号及说明

符 号	意 义	代 号	意 义
√	基本符号,表示表面粗糙度用任何方法获得(包括镀涂及其他表面处理)		
	表示表面粗糙度是用去除材料的方法获得。例如,车、铣、钻、磨、剪切、抛光、腐蚀、电火花加工等	a b c(f) e d	a—粗糙度高度参数允许值,μm b—加工方法(涂镀或其他表面处理) c—取样长度,mm d—加工纹理方向符号 e—加工余量,mm f—间距参数值
	表示表面粗糙度是用不去除材料的方法获得。例如,铸锻、冲压变形、热轧、冷轧、粉末冶金等;或者是用保持材料原供应状况的表面(包括保持上道工序的状况)		

4.2.2 表面粗糙度在图样上的标注

表面粗糙度代号在图样上一般标注于可见轮廓线上,也可标注于尺寸界限或其延长线上。符号的尖端应从材料的外面指向被注表面。表面粗糙度在图样上的标注示例如图 4.8 所示。

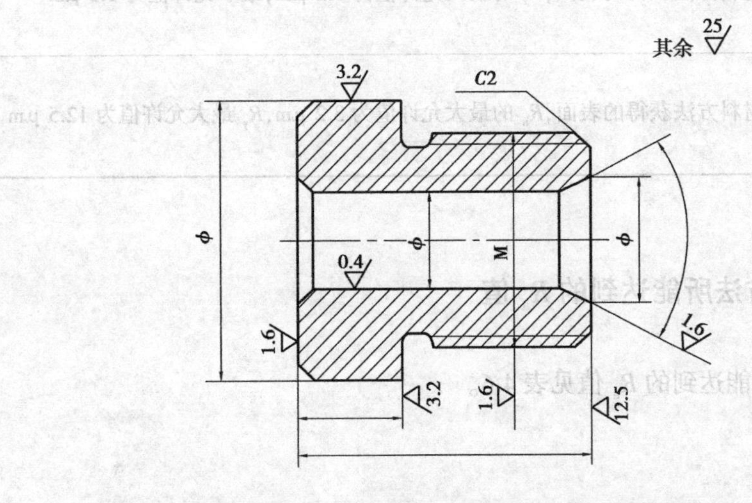

图 4.8 表面粗糙度在图样上的标注示例

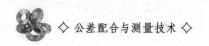

4.2.3　表面粗糙度代号标注的含义

表面粗糙度代号标注的含义见表 4.5。

表 4.5　表面粗糙度代号标注的含义

3.2	用任何方法获得的表面，R_a 的最大允许值为 3.2 μm
3.2	用去除材料方法获得的表面，R_a 的最大允许值为 3.2 μm
3.2	用不去除材料方法获得的表面，R_a 的最大允许值为 3.2 μm
3.2 1.6	用去除材料方法获得的表面，R_a 的最大允许值为 3.2 μm，最小允许值为 1.6 μm
R_y3.2	用任何方法获得的表面，R_y 的最大允许值为 3.2 μm
R_z200	用不去除材料方法获得的表面，R_z 的最大允许值为 200 μm
R_z3.2 R_z1.6	用去除材料方法获得的表面，R_z 的最大允许值为 3.2 μm，最小允许值为 1.6 μm
3.2 R_y12.5	用去除材料方法获得的表面，R_a 的最大允许值为 3.2 μm，R_y 最大允许值为 12.5 μm

4.2.4　一般加工方法所能达到的 R_a 值

一般加工方法所能达到的 R_a 值见表 4.6。

表 4.6　一般加工方法所能达到的 R_a 值/μm

加工方法	50	25	12.5	6.3	3.2	1.6	0.80	0.40	0.20	0.10	0.05	0.025	0.012
气炬切割													
锯													
刨													
钻													
电火花													
铣													
拉削													
铰													
镗车													
研磨													
搪													
磨													
抛光													
超精加工													
无切削加工													
砂铸													
热滚压													
锻													
硬模铸造													
挤压													
冷轧压延													
压铸													

注：（竖线）常用，（横线）不常用。

学习评价表

考核项目	考核要求	配分	得分
1.表面粗糙度在图样上用什么符号表示	答对得 10 分	10 分	
2.在图样上标注表面粗糙度(说出 4 个方位)	答对 1 个得 5 分	20 分	
3.能解释表面粗糙度符号的含义	答对 1 个得 5 分	40 分	
4.根据加工方法的不同,能选用表面粗糙度	答对 1 个得 5 分	30 分	
总　计			

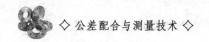

任务 4.3 表面粗糙度的检测

●任务要求

1.理解各种表面粗糙度检测仪器的原理和特点。

2.会选用仪器检测零件的表面粗糙度要求。

●任务实施

4.3.1 比较法

比较法是指被测表面与已知其高度参数值的粗糙度样板相比较,通过人的视觉或触觉,也可借助放大镜、显微镜来判断被测表面粗糙度值的一种检测方法。

样块列出各加工方法下几个常用的"R_a"值,辅以显微镜或放大镜与工件表面对比、观察判断被测表面粗糙度的合格性。目前是工厂最广泛使用的检测表面粗糙度方法。

比较法简单易行,检测成本低,但人为因素重,仅适用于评定表面粗糙度要求不高的工件。

4.3.2 光切法

光切法是利用光学原理测量表面粗糙度的一种方法。常用的仪器是光切显微镜(又称双管显微镜),如图 4.9 所示。该方法主要用于测量表面粗糙度的 R_z,R_y 值,其测量的范围通常为 0.8~100 μm。

4.3.3 干涉法

干涉法是利用光波干涉原理来测量表面粗糙度的一种方法。常用的仪器是干涉显微镜,如图 4.10 所示。该方法主要用于测量表面粗糙度的 R_z,R_y 值,其测量的范围通常为 0.05~0.8 μm。

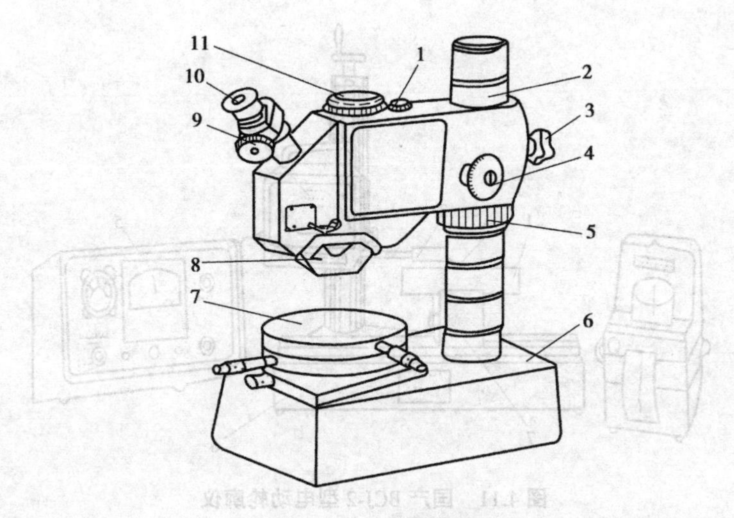

图 4.9 双管显微镜

1—光源;2—立柱;3—锁紧螺钉;4—微调手轮;5—粗调螺母;6—底座;

7—工作台;8—物镜组;9—测微鼓轮;10—目镜;11—照相机插座

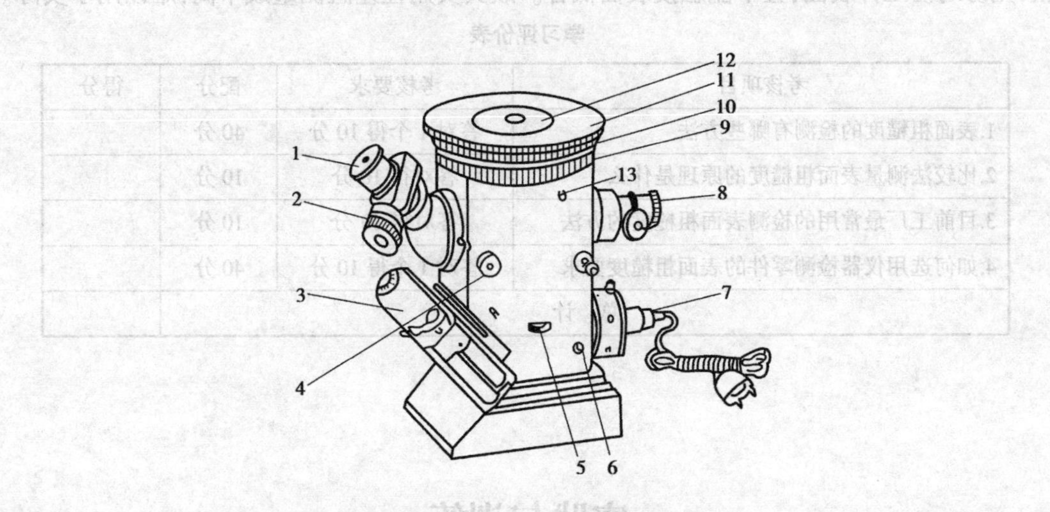

图 4.10 6JA 干涉显微镜

1—目镜;2—测微鼓轮;3—照相机;4,5,8,13(显微镜背面)—手轮;

6—手柄;7—光源;9,10,11—滚花轮;12—工作台

4.3.4 轮廓法

轮廓法是一种接触式测量表面粗糙度的方法。最常用的仪器是电动轮廓仪。国产 BCJ-2 型电动轮廓仪如图 4.11 所示。

测量原理是:触针触摸工件表面,将所得信息传给传感器并变为电信号,经计算和放大处理由指示表直接显示“R_a”值。

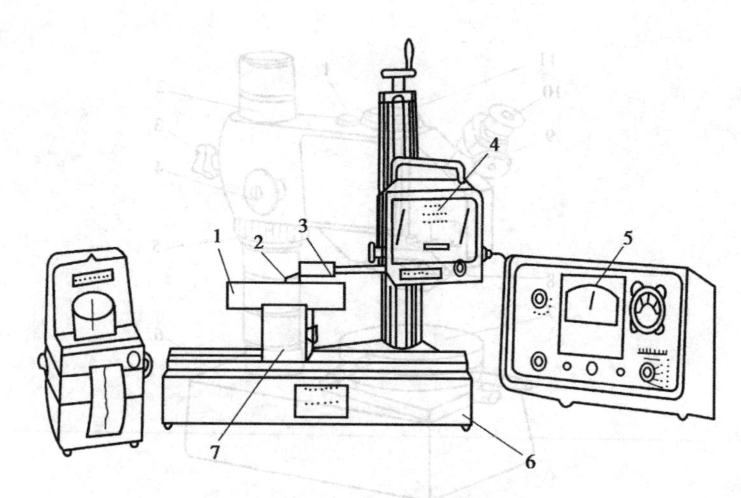

图 4.11 国产 BCJ-2 型电动轮廓仪

1—被测工件;2—触针;3—传感器;4—驱动箱;5—指示表;6—工作台;7—定位块

其特点是:理论上准确直接,但若触针尺寸太细与工件接触力不够难以摸准;若触针过粗,则易划伤工件表面,且不能触摸表面低谷。故其实用性差且测量成本高,难以用于实际。

学习评价表

考核项目	考核要求	配分	得分
1.表面粗糙度的检测有哪些方法	答对 1 个得 10 分	40 分	
2.比较法测量表面粗糙度的原理是什么	答对得 10 分	10 分	
3.目前工厂最常用的检测表面粗糙度的方法	答对得 10 分	10 分	
4.如何选用仪器检测零件的表面粗糙度要求	答对 1 个得 10 分	40 分	
总　计			

实践与训练

一、填空题

1.表面粗糙度是指__________具有的__________和__________所组成的微观几何形状特性。

2.若过盈配合的孔、轴表面较粗糙,配合后的实际过盈量会________,配合联接强度将________。

3.取样长度用_______表示,评定长度用_______表示。

4.评定表面粗糙度的主要参数是____、____和 R_y,附加参数是____、____和 S_m。

5.轮廓算术平均偏差用________表示;微观不平度十点高度用________表示,轮廓最大高度用__________表示,三者单位为__________。

6.R_a 的数值越大,零件表面就越__________;反之,表面就越__________。

二、判断题(用"√"表示对,"×"表示错,填入括号内)

1.表面粗糙度的取样长度一般即为评定长度。(　　)

2.R_a 测量方便,能充分反映表面微观几何形状高度的特征,是普遍采用的评定参数。(　　)

3.零件的表面粗糙度数值越小,越易于加工。(　　)

4.一般情况下,零件尺寸公差及形位公差要求越高,表面粗糙度数值越小。(　　)

三、选择题

1.表面粗糙度是(　　)误差。

A.宏观几何形状　B.微观几何形状　C.宏观相互位置　D.微观相互位置

2.评定表面粗糙度的取样长度至少应包含(　　)个峰谷。

A.3　B.5　C.8

3.评定表面粗糙度普遍采用(　　)参数。

A.R_a　B.R_z　C.R_y

4.通常铣削加工可使零件表面粗糙度 R_a 值达到(　　)。

A.12.5~1.6 μm　B.6.3~0.8 μm　C.12.5~0.8 μm　D.1.6~0.1 μm

5.零件"所有"或"其余"表面具有相同粗糙度要求时,应在图样(　　)。

A.左上角统一标注　B.右上角统一标注　C.各表面分别标注

6.用切削法加工零件时,要求其表面的轮廓算术平均偏差值不大于3.2 μm,应采用的表面粗糙度标注是(　　)。

3.2　3.2　R_a3.2　R_z3.2

A.　B.　C.　D.

四、综合题

1.表面粗糙度对零件的功能有何影响?

2.表面粗糙度国家标准中规定了哪些评定参数?哪些是主要参数?它们各有什么特点?与之相应的有哪些测量方法和测量仪器?大致的测量范围是多少?

项目 5

零件特殊表面的公差及检测

●项目概述

本项目讲解平键的公差与配合;矩形花键的公差与配合;键和花键的检测;螺纹基本知识;普通螺纹的公差与配合;螺纹的检测。

●项目内容

平键和矩形花键的公差与检测;螺纹的基本知识与检测。

●项目目标

理解平键、花键联接的公差及普通螺纹结合的公差,会使用量具检测平键、花键及螺纹。

任务 5.1　平键的公差与配合

●任务要求

1.了解普通平键和键槽的尺寸。

2.普通平键和键槽的公差配合。

●任务实施

平键、花键联接广泛应用于轴和轴上传动件(如齿轮、带轮、联轴器、手轮等)之间的联接,用以传递扭矩,需要时也可用作轴上传动件的导向。键和花键联接常用于需拆卸装配之处。这里仅讨论平键和矩形花键的公差与检测。

5.1.1　平键联接的公差与配合

(1)尺寸公差

平键联接由键、轴槽和轮毂槽3部分组成。由于平键联接是通过键的侧面与轴槽和轮毂槽的侧面相互接触来传递扭矩的,如图5.1所示。因此,在平键联接中,键和键槽的宽度是配合尺寸,应规定较为严格的公差。平键联接的几何参数已标准化,具体选用时可查表5.1。

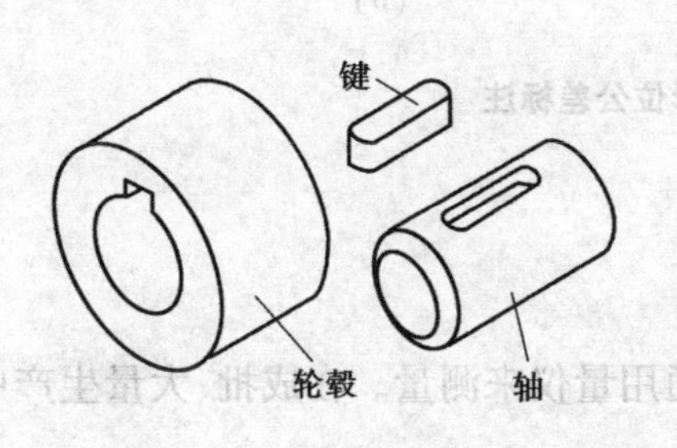

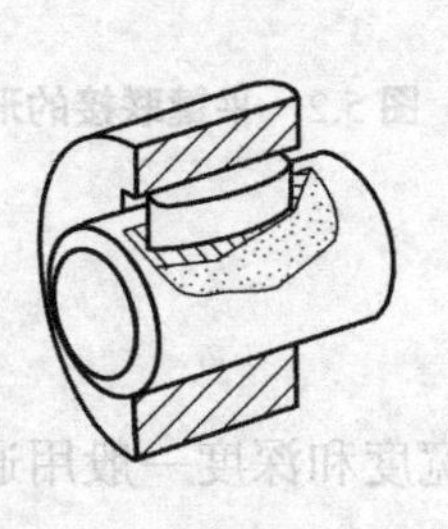

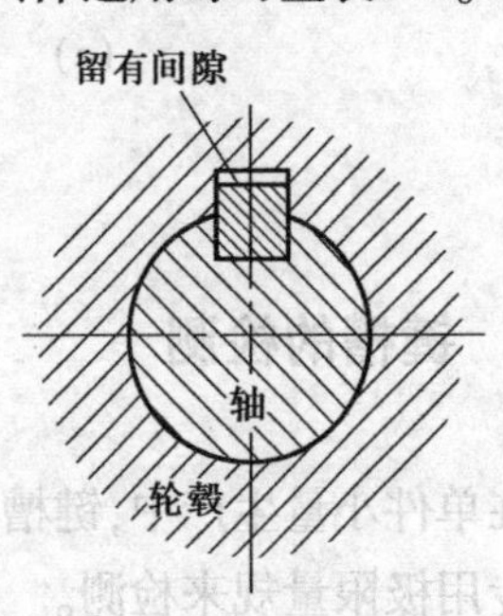

图 5.1　平键联接

表 5.1　平键的公称尺寸和槽深的尺寸及极限偏差(摘自 GB/T 1096—2003)

轴颈	键	轴槽深 t			毂槽深 t_1		
基本尺寸	公称尺寸	t_1		$d-t_1$	t_2		$d+t_2$
	$b\times h$	公称	偏差	偏差	公称	偏差	偏差
≤6~8	2×2	1.2	+0.10 0	0 −0.10	1	+0.10 0	+0.10 0
>8~10	3×3	1.8			1.4		
>10~12	4×4	2.5			1.8		
>12~17	5×5	3.0			2.3		
>17~22	6×6	3.5			2.8		
>22~30	8×7	4.0	+0.20 0	0 −0.20	3.3	+0.20 0	+0.20 0
>30~38	10×8	5.0			3.3		
>38~44	12×8	5.0			3.3		
>44~50	14×9	5.5			3.8		
>50~58	16×10	6.0			4.3		

(2)平键联接的轴槽和轮毂槽的形位公差

一般选对称度公差的 7~9 级。轴槽和轮毂槽两侧面的粗糙度参数 R_a 值推荐为 3.2~1.6 μm,底面的粗糙度参数值为 6.3 μm。如图 5.2 所示为平键联接的形位公差标注。

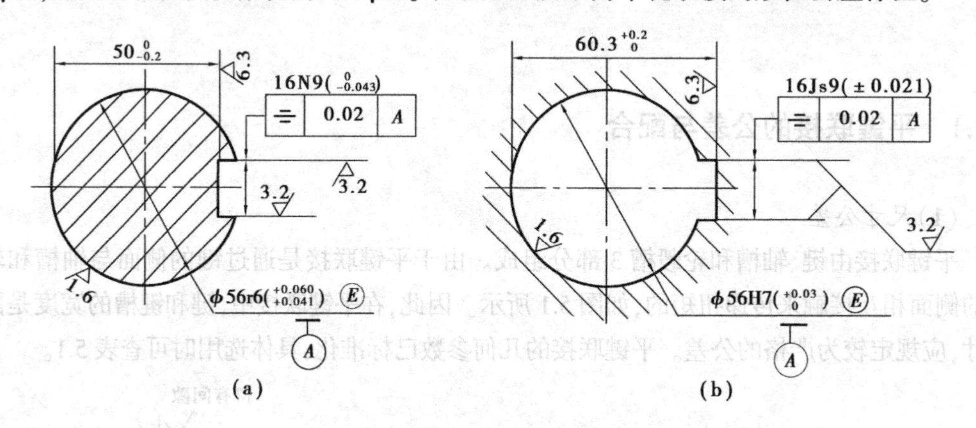

图 5.2　平键联接的形位公差标注

5.1.2　键槽的检测

在单件小量生产中,键槽宽度和深度一般用通用量仪来测量。在成批、大量生产中,则可用专用极限量规来检测。

学习评价表

考核项目	考核要求	分值	得分
1.平键联接的作用是什么	答对1个得5分	20分	
2.平键联接由哪几部分组成	答对1个得5分	15分	
3.平键联接的工作面是否是两侧面	答对得10分	10分	
4.平键联接中,键和键槽的宽度是否是配合尺寸	答对得10分	10分	
5.平键联接的轴槽最主要的形位公差是哪一个	答对1个得5分	5分	
6.键的公称尺寸包含哪几个参数	答对1个得10分	20分	
7.键槽的检测可以选用哪些量具	答对1个得10分	20分	
总　计			

任务5.2　矩形花键的公差与配合

●任务要求

1.了解矩形花键的尺寸。

2.理解矩形花键的定心方式。

3.了解矩形花键的公差配合。

●任务实施

花键联接是由花键孔和花键轴两个零件组成。花键联接与单键联接相比,其主要优点是定心精度高,导向性好,承载能力强。

5.2.1　概述

矩形花键的主要尺寸有3个,即大径 D、小径 d、键宽 B,如图5.3所示。键数为偶数,有6,8,10这3种。从保证花键联接的配合精度和避免制造困难,花键3个结合面中只能选取一个为主来保证内、外花键的配合精度,而其余两个结合面则作为次要配合面,用于保证配合精度的结合面就称为定心表面。国家标准推荐采用小径 d 定心方式。为减少专用刀具、量具数目,花键联接采用基孔制配合。

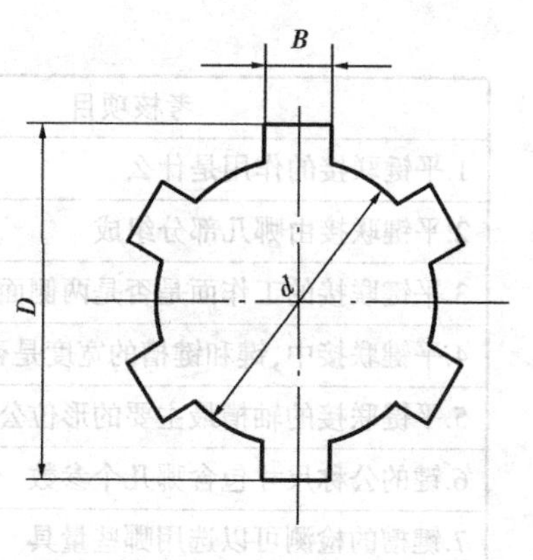

图 5.3　矩形花键的主要尺寸

5.2.2　矩形花键联接的公差与配合

花键尺寸公差带选用的一般原则是:定心精度要求高或传递扭矩大时,应选用精密传动;反之,可选用一般用的尺寸公差带。

(1)矩形花键的尺寸公差带

矩形花键的尺寸公差带见表 5.2。

表 5.2　矩形花键的尺寸公差带(GB/T 1144—2001)

内花键				外花键			装配形式
小径 d	大径 D	键槽宽 B		小径 d	大径 D	键宽 B	
		拉削后不热处理	拉削后热处理				
一般用							
H7	H10	H9	H11	f7	a11	d10	滑动
				g7		f9	紧滑动
				h7		h10	固定
精密传动用							
H5	H10	H7,H9		f5	a11	d8	滑动
				g5		f7	紧滑动
				h5		h8	固定
H6				f6		d8	滑动
				g6		f7	紧滑动
				h6		h8	固定

注:1.精密传动用的内花键,当需要控制键侧配合间隙时,槽宽可以选用 H7,一般情况可选用 H9。

2.当内花键公差带为 H6 和 H7 时,允许与高一级的外花键配合。

内、外花键定心小径 d 表面的形状公差和尺寸公差的关系遵守包容原则。位置度公差采用相关原则。矩形花键的表面粗糙度参数 R_a 值一般按以下选取:

对于内花键:取小径表面不大于 0.8 μm,键槽侧面不大于 3.2 μm,大径表面不大于 6.3 μm;对于外花键:小径和键侧表面不大于 0.8 μm,大径表面不大于 3.2 μm。

(2)花键剖面尺寸、形位公差以及表面粗糙度在图样上的标注

花键剖面尺寸、形位公差以及表面粗糙度在图样上的标注如图 5.4 所示。

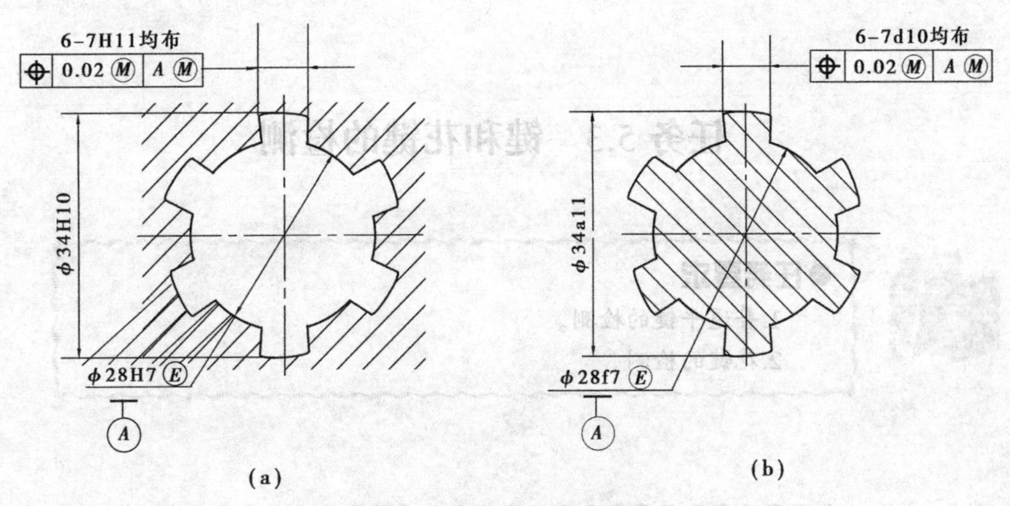

图 5.4　花键的形位公差标注

(3)矩形花键的标记代号含义

矩形花键的标记代号应按次序包括以下参数：键数 N、小径 d、大径 D、键槽宽 B 和花键的公差带代号。

例如，　$N=6,d=23\mathrm{H7/f7},D=26\mathrm{H10/a11},B=6\mathrm{H11/d10}$ 的标记如下：

①花键规格：用 $N\times d\times D\times B$ 表达　　6×23×26×6

②花键副：6×23H7/f7×26H10/a11×6H11/d10　　GB/T 1144—2001

③内花键：6×23H7×26H10×6H11　　GB/T 1144—2001

④外花键：6×23f7×26a11×6d10　　GB/T 1144—2001

(4)花键的检测

花键的检测可分为单项测量和综合检验。它是对于定心小径、键宽、大径的3个参数检验,而每个参数都包括尺寸、位置、表面粗糙度的检验。

学习评价表

考核项目	考核要求	分值	得分
1.花键联接由哪几部分组成	答对1个得5分	10分	
2.花键联接的优点是什么	答对1个得5分	15分	
3.矩形花键的主要尺寸是哪些	答对1个得5分	15分	
4.矩形花键的尺寸公差带选用的一般原则是哪些	答对1个得10分	20分	
5.矩形花键的标记代号包括哪些参数	答对1个得5分	25分	
6.花键的检测主要是对哪些参数进行检验	答对1个得5分	15分	
总　计			

任务 5.3　键和花键的检测

●任务要求

1.普通平键的检测。

2.花键的检测。

●任务实施

5.3.1　普通平键的检测

普通平健的检测如图 5.5 所示。

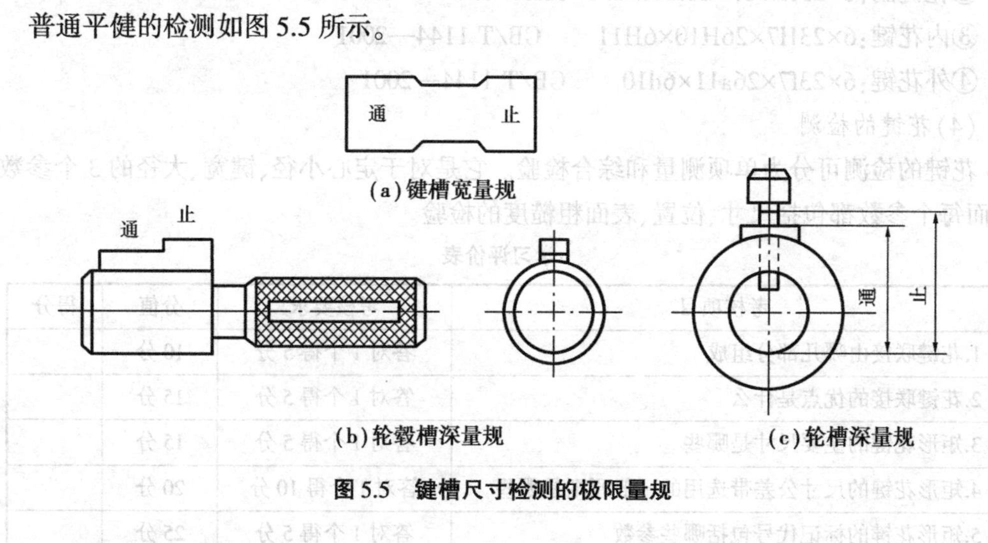

(a) 键槽宽量规

(b) 轮毂槽深量规

(c) 轮槽深量规

图 5.5　键槽尺寸检测的极限量规

5.3.2　花键的测量

花键的测量可分为单项测量和综合检验。它是对于定心小径、键宽及大径的 3 个参数检验,而每个参数都包括尺寸、位置、表面粗糙度的检验。

(1) 单项测量

单项测量是对花键的单个参数进行的测量,即小径、键宽、大径。如图 5.6 所示为花键

的极限塞规和卡规中的止规。

图 5.6(a)为内花键小径的光滑极限量规。

图 5.6(b)为内花键大径的板式塞规。

图 5.6(c)为内花键槽宽的塞规。

图 5.6(d)为外花键大径的卡规。

图 5.6(e)为外花键小径的卡规。

图 5.6(f)为外花键键宽的卡规。

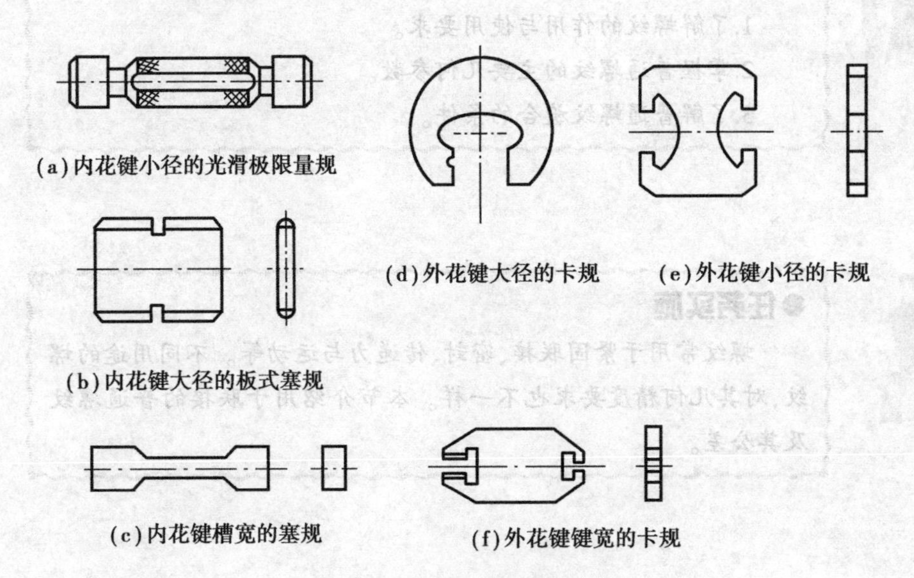

(a)内花键小径的光滑极限量规

(b)内花键大径的板式塞规

(c)内花键槽宽的塞规

(d)外花键大径的卡规

(e)外花键小径的卡规

(f)外花键键宽的卡规

图 5.6　花键的极限塞规和卡规

(2)综合测量

综合检验是对花键的尺寸、形位误差按控制最大实体实效边界要求,用综合量规进行的检验。如图 5.6 所示为花键的极限塞规和卡规中的通规。

学习评价表

考核项目	考核要求	分值	得分
1.普通平键的检测用到的是否是通止量规	答对得 5 分	5 分	
2.普通平键的检测可以用到哪些量具	答对 1 个得 5 分	15 分	
3.花键的测量分为哪两部分	答对 1 个得 5 分	10 分	
4.花键单项测量是否是对花键的单个参数进行测量	答对得 5 分	5 分	
5.花键的单项测量可以用到哪些量具	答对 1 个得 5 分	30 分	
6.花键的综合测量用到的量具是否是综合量规	答对得 5 分	5 分	
7.花键的综合测量可以用到哪些量具	答对 1 个得 5 分	30 分	
总　计			

任务 5.4　螺纹基本知识概述

●任务要求

1. 了解螺纹的作用与使用要求。
2. 掌握普通螺纹的主要几何参数。
3. 了解普通螺纹旋合的条件。

●任务实施

螺纹常用于紧固联接、密封、传递力与运动等。不同用途的螺纹，对其几何精度要求也不一样。本节介绍用于联接的普通螺纹及其公差。

5.4.1　概述

普通螺纹常用于联接和紧固零部件，其使用的基本要求为可旋入性和联接可靠性。普通螺纹的基本牙型，如图 5.7 所示。

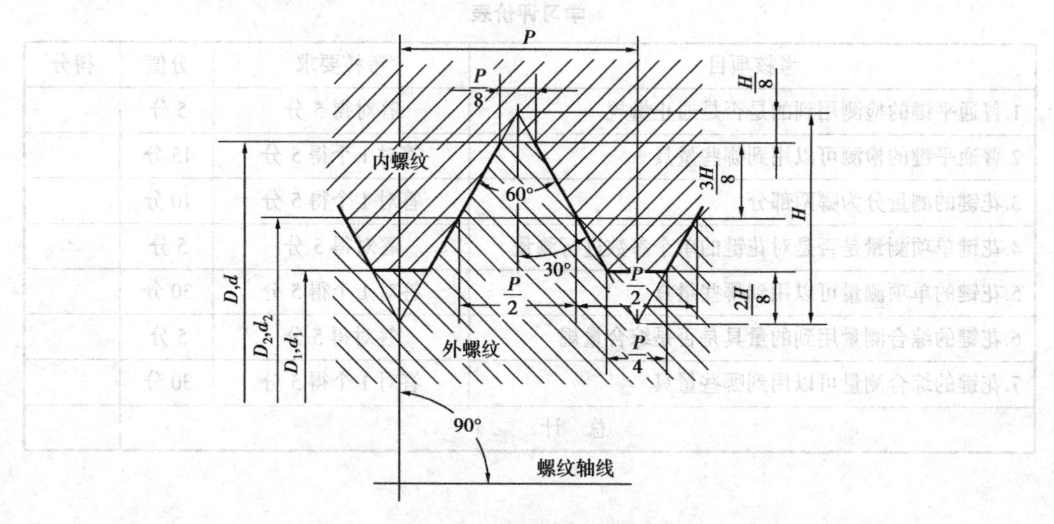

图 5.7　普通螺纹的基本牙型

5.4.2　螺纹主要几何参数

①原始三角形高度 H。

②大径(公称直径)$D(d)$。

③小径 $D_1(d_1)= D(d) - 0.649\ 5P$。

④中径 $D_2(d_2)= D(d) - 1.082\ 5P$。

⑤螺距 P。已标准化和系列化。

⑥单一中径。是指螺纹的牙槽宽度等于基本螺距一半处所在的假想圆直径。当无螺距误差时,单一中径与中径一致。

⑦基本牙型角为60°;基本牙型半角为30°。

⑧螺纹旋合长度 L。

5.4.3　普通螺纹主要参数误差对螺纹互换性的影响

①螺纹直径(大、中、小径)误差影响螺纹的旋入性和螺纹联接的可靠性, 故普通螺纹公差标准中对中径、顶径规定了公差。

②普通螺纹的螺距累积误差影响其旋合性,如图5.8所示。

③螺纹牙型半角误差也是影响螺纹的可旋合性,如图5.9所示。

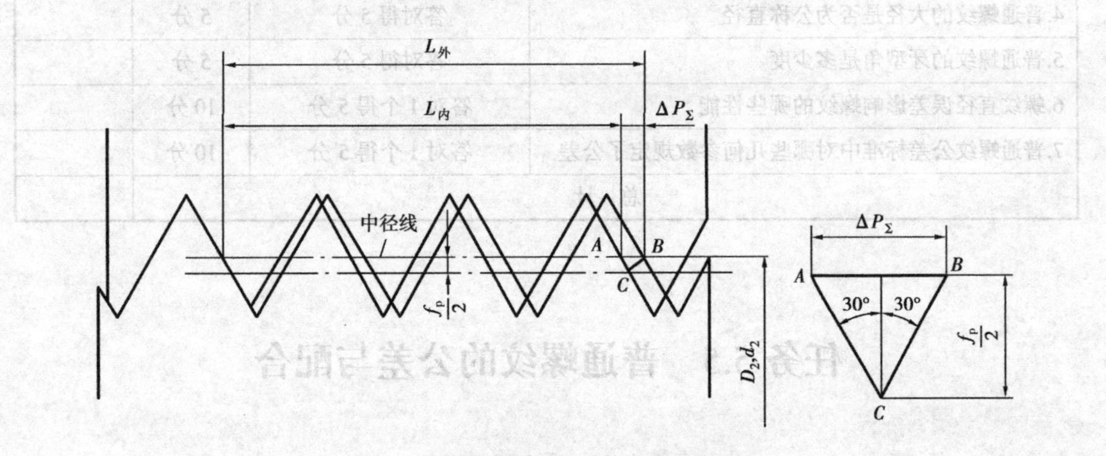

图5.8　螺距累积误差对可旋合性的影响

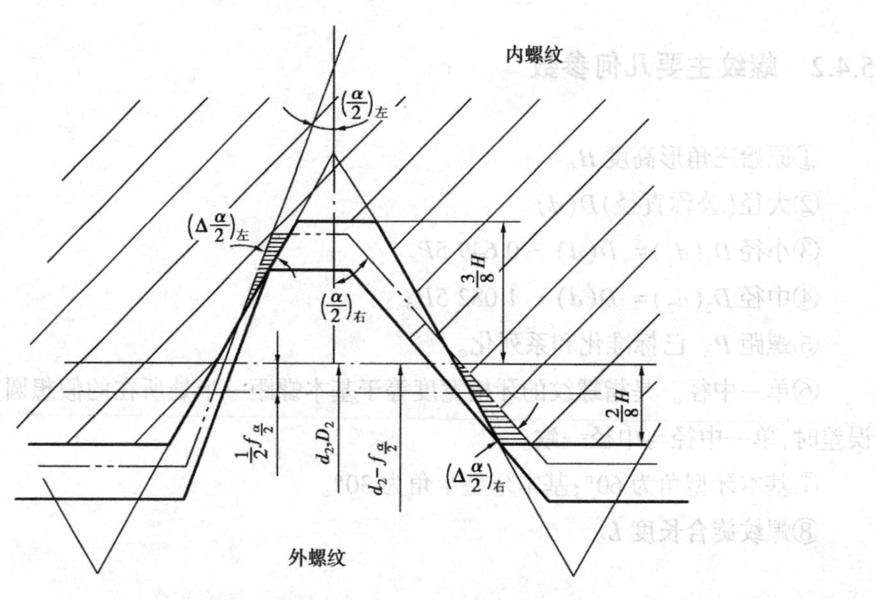

图 5.9　半角误差对螺纹可旋合性的影响

学习评价表

考核项目	考核要求	分值	得分
1.螺纹常用来做什么	答对 1 个得 5 分	20 分	
2.普通螺纹使用的基本要求是什么	答对 1 个得 5 分	10 分	
3.普通螺纹的主要几何参数是哪些	答对 1 个得 5 分	40 分	
4.普通螺纹的大径是否为公称直径	答对得 5 分	5 分	
5.普通螺纹的牙型角是多少度	答对得 5 分	5 分	
6.螺纹直径误差影响螺纹的哪些性能	答对 1 个得 5 分	10 分	
7.普通螺纹公差标准中对哪些几何参数规定了公差	答对 1 个得 5 分	10 分	
总　计			

任务 5.5　普通螺纹的公差与配合

●任务要求

1.了解普通螺纹的公差带。

2.了解螺纹旋合长度、螺纹公差带和配合的选用。

3.掌握螺纹在图纸上的标注。

●任务实施

5.5.1　普通螺纹的公差带

普通螺纹的公差带是沿着螺纹的基本牙型分布，是由基本偏差决定其位置，公差等级决定其大小（见图5.10）。国家标准对外螺纹规定了4种基本偏差，代号分别为h，g，f，e；对内螺纹规定了两种基本偏差，代号分别为H，G。内、外螺纹的基本偏差值见表5.3。

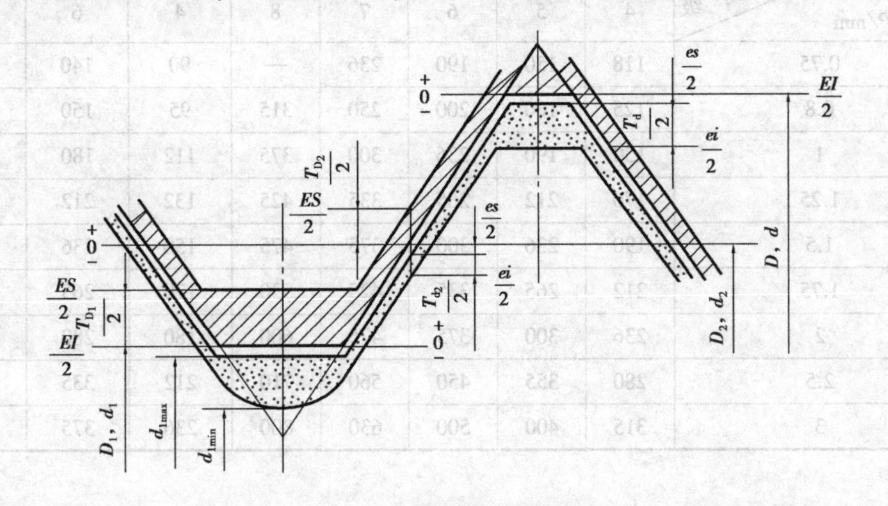

图5.10　普通螺纹的公差带

表5.3　普通螺纹的基本偏差（GB/T 197—2003）

螺纹 基本偏差 螺距 P/mm	内螺纹		外螺纹			
	G	H	e	f	g	h
	EI/μm		es/μm			
0.75	+22		−56	−38	−22	
0.8	+24		−60	−38	−24	
1	+26		−60	−40	−26	
1.25	+28		−63	−42	−28	
1.5	+32	0	−67	−45	−32	0
1.75	+34		−71	−48	−34	
2	+38		−71	−52	−38	
2.5	+42		−80	−58	−42	
3	+48		−85	−63	−48	

表 5.4　螺纹的公差等级

螺纹直径	公差等级	螺纹直径	公差等级
内螺纹小径 D_1	4,5,6,7,8	外螺纹中径 d_2	3,4,5,6,7,8,9
内螺纹中径 D_2	4,5,6,7,8	外螺纹大径 d_1	4,6,8

内、外螺纹公差等级的含义和孔、轴公差等级相似，但有自己的系列和数值，见表 5.4，且分别按顶径公差和中径公差给出，见表 5.5、表 5.6。

表 5.5　普通螺纹的顶径公差（GB/T 197—2003）

公差项目 / 公差等级 / 螺距 P/mm	内螺纹小径公差 T_{D_1}/μm					外螺纹大直径公差 T_d/μm		
	4	5	6	7	8	4	6	8
0.75	118	150	190	236	—	90	140	—
0.8	125	160	200	250	315	95	150	236
1	150	190	236	300	375	112	180	280
1.25	170	212	265	335	425	132	212	335
1.5	190	236	300	375	475	150	236	375
1.75	212	265	335	425	530	170	265	425
2	236	300	375	475	600	180	280	450
2.5	280	355	450	560	710	212	335	530
3	315	400	500	630	800	236	375	600

表 5.6　普通螺纹的中径公差

公差直径 D/mm	螺距 P/mm	内螺纹中径公差 T_{D_2}/μm					外螺纹中径公差 T_{d_2}/μm						
		公差等级					公差等级						
		4	5	6	7	8	3	4	5	6	7	8	9
>5.6~11.2	0.75	85	106	132	170	—	50	63	80	100	125	—	—
	1	95	118	150	190	236	56	71	95	112	140	180	224
	1.25	100	125	160	200	250	60	75	95	118	150	190	236
	1.5	112	140	180	224	280	67	85	106	132	170	212	295
>11.2~22.4	1	100	125	160	200	250	60	75	95	118	150	190	236
	1.25	112	140	180	224	280	67	85	106	132	170	212	265
	1.5	118	150	190	236	300	71	90	112	140	180	224	280
	1.75	125	160	200	250	315	75	95	118	150	190	236	300
	2	132	170	212	265	335	80	100	125	160	200	250	315
	2.5	140	180	224	280	355	85	106	132	170	212	265	335

续表

公差直径 D/mm	螺距 P/mm	内螺纹中径公差 T_{D_2}/μm					外螺纹中径公差 T_{d_2}/μm						
		公差等级					公差等级						
		4	5	6	7	8	3	4	5	6	7	8	9
>22.4~45	1	106	132	170	212	—	63	80	100	125	160	200	250
	1.5	125	160	200	250	315	75	95	118	150	190	236	300
	2	140	180	224	280	355	85	106	132	170	212	265	335
	3	170	212	265	335	425	100	125	160	200	250	315	400
	3.5	180	224	280	355	450	106	132	170	212	265	335	425
	4	190	236	300	375	415	112	140	180	224	280	355	450
	4.5	200	250	315	400	500	118	150	190	236	300	375	475

5.5.2　螺纹旋合长度及其配合精度

(1) 螺纹旋合长度

国家标准以螺纹公称直径和螺距为基本尺寸，对螺纹联接规定了 3 组旋合长度，即短旋合长度(S)、中等旋合长度(N)和长旋合长度(L)。一般情况采用中等旋合长度，其值往往取螺纹公称直径的 0.5~1.5 倍。

(2) 配合精度

国家标准将螺纹的配合精度分为精密级、中等级和粗糙级(见表 5.7)。精密级用于配合性质要求稳定及保证定位精度的场合；中等级用于一般螺纹联接；粗糙级用于精度要求不高或制造较困难的螺纹，也用于工作环境恶劣的场合。

表 5.7　普通螺纹推荐公差带(摘自 GB/T 197—2003)

公差精度	公差带位置 G			公差带位置 H		
	S	N	L	S	N	L
精密	—	—	—	4H	5H	6H
中等	(5G)	6G*	(7G)	5H*	[6H]*	7H*
粗糙	—	(7G)	(8G)	—	7H	8H

公差精度	公差带位置 e			公差带位置 f			公差带位置 g			公差带位置 h		
	S	N	L	S	N	L	S	N	L	S	N	L
精密	—	—	—	—	—	—	—	(4g)	(5g4g)	(3h4h)	4h*	(5h4h)
中等		6e*	(7e6e)	—	6f*	—	(5g6g)	6g*	(7g6g)	(5h6h)	6h	(7h6h)
粗糙	—	(8e)	(9e8e)	—	—	—	—	8g	(9g8g)	—	—	—

注：其中大量生产的精制紧固螺纹，推荐采用带方框的公差带；带“ * ”的公差带应优先选用，其次是不带“ * ”的公差带；括号内的公差带尽量不用。

(3) 螺纹配合的选用

从保证螺纹的使用性能和一定的牙型接触高度考虑，选用的配合最好是 H/g，H/h，G/h。大批量生产可选用 H/g，单件小批生产或重要联接的螺纹，宜选用 H/h 配合。

5.5.3 螺纹在图样上的标记

单个螺纹的标记格式如图 5.11 所示。

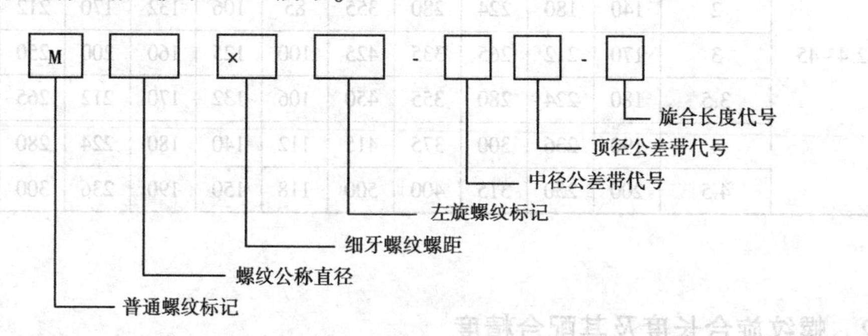

图 5.11　螺纹标记格式

当螺纹是粗牙时，螺距不写出；当螺纹为左旋时，在左旋螺纹标记位置写“LH”字样，右旋不写；当螺纹的中径和顶径公差带相同时，合写为一个；当螺纹旋合长度为中等时，不写出；当旋合长度需要标出具体值时，应在旋合长度代号标记位置写出其具体值。例如：

M20×2LH-7g6g-L

M10×1-6H-30

标注螺纹配合时，内、外螺纹的公差带代号用斜线分开，左边为内螺纹公差带代号，右边为外螺纹公差带代号。例如：

M20×2-6H/6g

5.5.4 螺纹的表面粗糙度

螺纹牙侧表面粗糙度一般可取 $R_a3.2$ μm 或 $R_a1.6$ μm。

学习评价表

考核项目	考核要求	分值	得分
1.国家标准对外螺纹规定了哪几种基本偏差	答对 1 个得 5 分	20 分	
2.国家标准对内螺纹规定了哪几种基本偏差	答对 1 个得 5 分	10 分	
3.国家标准以螺纹的什么为基本尺寸	答对 1 个得 5 分	10 分	
4.螺纹联接中规定了哪几组旋合长度	答对 1 个得 5 分	15 分	
5.国家标准将螺纹的配合精度分为哪些	答对 1 个得 5 分	15 分	
6.单个普通螺纹是如何标识的	答对 1 个得 5 分	30 分	
总　计			

任务 5.6　螺纹的检测

●任务要求

1.螺纹的综合检验。

2.螺纹的单项测量。

●任务实施

5.6.1　螺纹的综合检验

对螺纹进行综合检验时,使用的是螺纹量规和光滑极限量规,它们都由通规(通端)和止规(止端)组成。光滑极限量规用于检验内、外螺纹顶径尺寸的合格性;螺纹量规的通规用于检验内、外螺纹的中径及底径的合格性,螺纹量规的止规用于检验内、外螺纹单一中径的合格性。

螺纹量规是按极限尺寸判断原则而设计的;螺纹通规体现的是最大实体牙型边界,具有完整的牙型,并且其长度应等于被检螺纹的旋合长度,以用于正确地检验作用中径。螺纹止规用于检验被检螺纹的单一中径,如图 5.12、图 5.13 所示。

5.6.2　针法测量螺纹中径

针法测量螺纹中径是根据被测螺纹的螺距,选择合适的量针直径,按如图 5.14 所示位置放在被测螺纹的牙槽内,夹在两测头之间。合适直径的量针,使量针与牙槽接触点的轴间距离正好在基本螺距一半处,即三针法测量的是螺纹的单一中径。从仪器上读得 M 值后,再根据螺纹的螺距 P、牙型半角$\frac{\alpha}{2}$及量针的直径 d_0(推导过程略)计算出所测出的单一中径 d_2 为

$$d_2 = M - d_0\left(1 + 1 \div \sin\frac{\alpha}{2}\right) + \frac{P}{2} \times \cot\frac{\alpha}{2}$$

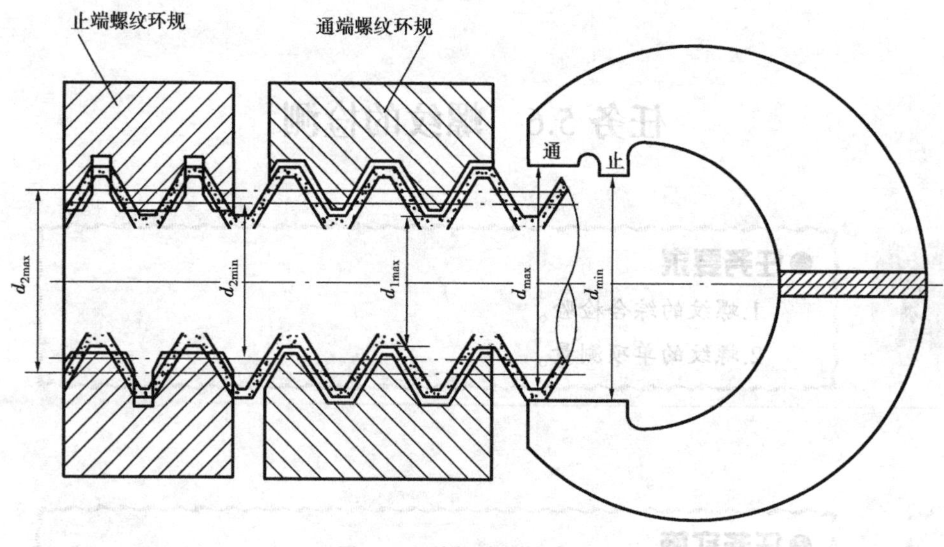

图 5.12 外螺纹的综合检验

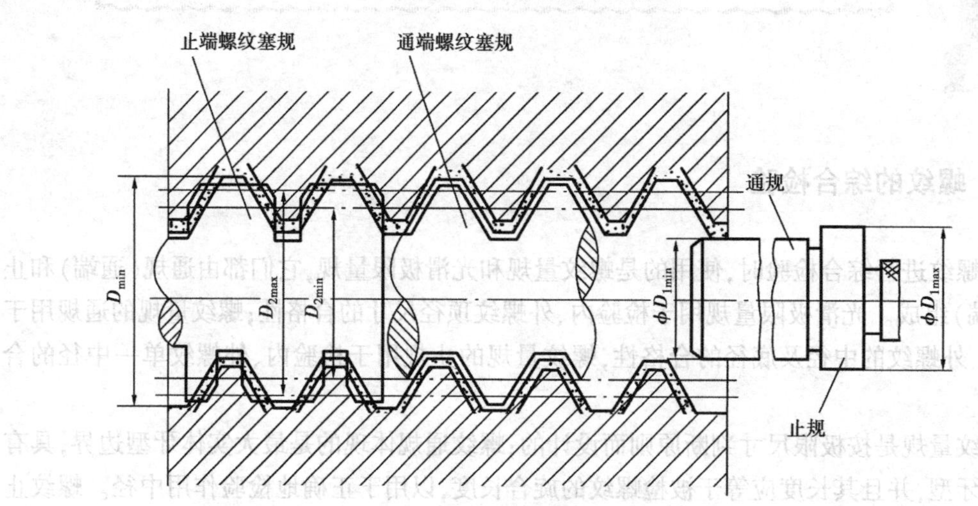

图 5.13 内螺纹的综合检验

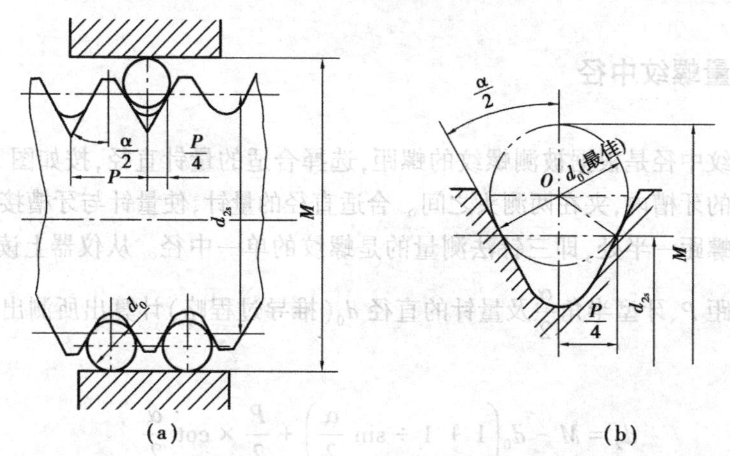

图 5.14 三针法测量螺纹中径

螺纹专业生产厂家从生产工艺需要往往采用工具显微镜测螺纹各参数。

对于公制螺纹,代入上式得

$$d_2 = M - 3d_0 + 0.866P$$

学习评价表

考核项目	考核要求	分值	得分
1.对螺纹进行综合检验使用的量具是什么	答对1个得5分	10分	
2.对螺纹进行综合检验使用的量具都是由哪两部分组成	答对1个得5分	10分	
3.光滑极限量规用于检验内、外螺纹的哪些直径	答对1个得10分	10分	
4.螺纹量规的通规用于检验内、外螺纹的哪些直径	答对1个得10分	20分	
5.螺纹量规的止规用于检验内、外螺纹哪个直径的合格性	答对1个得10分	10分	
6.口头说一说针法是如何测量螺纹的中径	答对得40分	40分	
总　计			

实践与训练

一、判断题(用"√"表示对,"×"表示错,填入括号内)

1.普通平键的工作面是两侧面。 (　　)

2.花键联接与单键联接相比,其主要优点是定心精度高、导向性好、承载能力强。 (　　)

3.平键联接的轴槽和轮毂槽的形位公差是平面度。 (　　)

4.键联接采用小径定心,可以提高花键联接的定心精度。 (　　)

5.螺纹的左旋和右旋都不需要进行标注。 (　　)

6.无论是粗牙还是细牙都不需要标出螺距。 (　　)

7.螺纹的参数就只有大径、中径和小径3个。 (　　)

8.普通螺纹常用于联接和紧固零部件。 (　　)

9.国家标准对内、外螺纹规定了基本偏差,而且基本偏差都是一样的。 (　　)

10.针法测量螺纹中径,是根据被测螺纹的螺距,选择合适的量针直径。 (　　)

二、选择题

1.矩形花键的主要尺寸有3个,即大径 D、小径 d 和(　　)。

A.键高　　B.键宽　　C.键长　　D.轴长

2.轴槽和轮毂槽对轴线的(　　)误差将直接影响平键联接的可装配性和工作接触情况。

A.平行度　　B.对称度　　C.位置度　　D.垂直度

3.常用的花键是(　　)。

A.矩形花键　　B.三角形花键　　C.渐开线花键

4.花键联接与单键联接相比,有(　　)的优点。

A.定心精度高　　B.导向性好　　C.各部位所受负荷均匀

D.联接可靠　　E.传递较大扭矩

5.下列不是螺纹主要几何参数的是(　　)。

A.大径　　B.螺距　　C.线数　　D.小径

6.M20×2LH-7g6g-L 中 2 表示(　　)。

A.小径　　B.旋合长度　　C.螺距　　D.大径

7.M20×2LH-7g6g-L 中 L 表示(　　)。

A.螺距　　B.旋合长度　　C.大径　　D.小径

8.M20×2LH-7g6g-L 中 LH 表示(　　)。

A.左旋　　B.右旋　　C.螺距　　D.小径

9.标准对内螺纹规定的基本偏差代号是(　　)。

A.G　　B.F　　C.H　　D.K

10.标准对外螺纹规定的基本偏差代号是(　　)。

A.h　　B.g　　C.f　　D.e

三、填空题

1.平键联接由键、________和轮毂槽3部分组成。

2.普通平键主要用于______传动件之间的联接。

3.在单件小批生产时,平键键槽的宽度和深度一般用______测量;在大批大量生产时,可用______来检验。

4.矩形花键联接的配合代号为 6×23f7×26a11×6d10,其中,6 表示______,23 表示______,26 表示______,是______定心。

5.对于内花键的小径、大径和键槽宽等的最大极限尺寸应用______分别检测。

6.螺纹的3组旋合长度是短旋合长度(S)、____________和长旋合长度(L)。

7.普通螺纹主要参数中的直径、__________和螺纹牙型半角误差对螺纹的互换性有影响。

8.国家标准将螺纹的配合精度分为________、中等级和粗糙级。

9.对螺纹进行综合检验时,使用的是螺纹量规和________,它们都由通规(通端)和止规(止端)组成。

10.光滑极限量规用于检验内、外螺纹______尺寸的合格性。

附　录

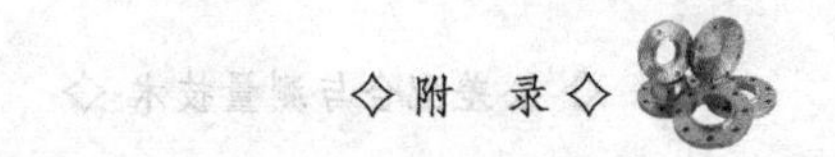

附录 A 轴的极限偏差/μm

基本尺寸/mm		公差带														
		a					b					c				
大于	至	9	10	11	12	13	9	10	11	12	13	8	9	10	11	12
—	3	-270 -295	-270 -310	-270 -330	-270 -370	-270 -410	-140 -165	-140 -180	-140 -200	-140 -240	-140 -280	-60 -74	-60 -85	-60 -100	-60 -120	-60 -160
3	6	-270 -300	-270 -318	-270 -345	-270 -390	-270 -450	-140 -170	-140 -188	-140 -215	-240 -260	-140 -320	-70 -88	-70 -100	-70 -138	-70 -145	-70 -190
6	10	-280 -316	-280 -338	-280 -370	-280 -430	-280 -500	-150 -186	-150 -208	-150 -240	-150 -300	-150 -370	-80 -102	-80 -116	-80 -138	-80 -170	-80 -230
10	14	-290 -333	-290 -360	-290 -400	-290 -470	-290 -560	-150 -193	-150 -220	-150 -260	-150 -330	-150 -420	-95 -122	-95 -138	-95 -165	-95 -205	-95 -275
14	18															
18	24	-300 -352	-300 -384	-300 -430	-300 -510	-300 -630	-160 -212	-160 -244	-160 -290	-160 -370	-160 -490	-110 -143	-110 -162	-110 -194	-110 -240	-110 -320
24	30															
30	40	-310 -372	-310 -410	-310 -470	-310 -560	-310 -700	-170 -232	-170 -270	-170 -330	-170 -420	-170 -560	-120 -159	-120 -182	-120 -220	-120 -280	-120 -370
40	50	-320 -382	-320 -420	-320 -480	-320 -570	-320 -710	-180 -242	-180 -280	-180 -340	-180 -430	-180 -570	-130 -169	-130 -192	-130 -230	-130 -290	-130 -380
50	65	-340 -414	-340 -460	-340 -530	-340 -640	-340 -800	-190 -264	-190 -310	-190 -380	-190 -490	-190 -650	-140 -186	-140 -214	-140 -260	-140 -330	-140 -440
65	80	-360 -434	-360 -480	-360 -550	-360 -660	-360 -820	-200 -274	-200 -320	-200 -390	-200 -500	-200 -660	-150 -196	-150 -224	-150 -270	-150 -340	-150 -450
80	100	-380 -467	-380 -520	-380 -600	-380 -730	-380 -920	-220 -307	-220 -360	-220 -440	-220 -570	-220 -760	-170 -224	-170 -257	-170 -310	-170 -390	-170 -520
100	120	-410 -497	-410 -550	-410 -630	-410 -760	-410 -950	-240 -327	-240 -380	-240 -460	-240 -590	-240 -780	-180 -234	-180 -267	-180 -320	-180 -400	-180 -530
120	140	-460 -560	-460 -620	-460 -710	-460 -860	-460 -1 050	-260 -360	-260 -420	-260 -510	-260 -660	-260 -890	-200 -263	-200 -300	-200 -360	-200 -450	-200 -600
140	160	-520 -620	-520 -680	-520 -770	-520 -920	-520 -1 150	-280 -380	-280 -440	-280 -530	-280 -680	-280 -910	-210 -273	-210 -310	-210 -370	-210 -460	-210 -610
160	180	-580 -680	-580 -740	-580 -830	-580 -980	-580 -1 210	-310 -410	-310 -470	-310 -560	-310 -710	-310 -940	-230 -293	-230 -330	-230 -390	-230 -480	-230 -630
180	200	-660 -775	-660 -845	-660 -950	-660 -1 120	-660 -1 380	-340 -455	-340 -525	-340 -630	-340 -800	-340 -1 060	-240 -312	-240 -355	-240 -425	-240 -530	-240 -700
200	225	-740 -855	-740 -925	-740 -1 030	-740 -1 200	-740 -1 460	-380 -495	-380 -565	-380 -670	-380 -840	-380 -1 100	-260 -332	-260 -375	-260 -445	-260 -550	-260 -720
225	250	-820 -935	-820 -1 005	-820 -1 110	-820 -1 280	-820 -1 540	-420 -535	-420 -605	-420 -710	-420 -880	-420 -1 140	-280 -352	-280 -395	-280 -465	-280 -570	-280 -740
250	280	-920 -1 050	-920 -1 130	-920 -1 240	-920 -1 440	-920 -1 730	-480 -610	-480 -695	-480 -800	-480 -1 000	-480 -1 290	-300 -381	-300 -430	-300 -510	-300 -620	-300 -820
280	315	-1 050 -1 180	-1 050 -1 260	-1 050 -1 370	-1 050 -1 570	-1 050 -1 860	-540 -670	-540 -750	-540 -860	-540 -1 060	-540 -1 350	-330 -411	-330 -460	-330 -540	-330 -650	-330 -850
315	355	-1 200 -1 340	-1 200 -1 430	-1 200 -1 560	-1 200 -1 770	-1 200 -2 090	-600 -740	-600 -830	-600 -960	-600 -1 170	-600 -1 490	-360 -449	-360 -500	-360 -590	-360 -720	-360 -930
355	400	-1 350 -1 490	-1 350 -1 580	-1 350 -1 710	-1 350 -1 920	-1 350 -2 240	-680 -820	-680 -910	-680 -1 010	-680 -1 250	-680 -1 570	-400 -489	-400 -540	-400 -630	-400 -760	-400 -970
400	450	-1 500 -1 655	-1 500 -1 750	-1 500 -1 900	-1 500 -2 130	-1 500 -2 470	-760 -915	-760 -1 010	-760 -1 060	-760 -1 300	-760 -1 730	-440 -537	-440 -595	-440 -690	-440 -840	-440 -1 070
450	500	-1 650 -1 805	-1 650 -1 900	-1 650 -2 050	-1 650 -2 280	-1 650 -2 620	-840 -995	-840 -1 090	-840 -1 240	-840 -1 470	-840 -1 810	-480 -577	-480 -635	-480 -730	-480 -880	-480 -1 110

注:基本尺寸小于 1 mm 时,各级的 a 和 b 均不采用。

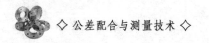

续表

基本尺寸/mm		公差													
		c	d					e					f		
大于	至	13	7	8	9	10	11	6	7	8	9	10	5	6	7
—	3	−60 −200	−20 −30	−20 −34	−20 −45	−20 −60	−20 −80	−14 −20	−14 −24	−14 −28	−14 −39	−14 −54	−6 −10	−6 −12	−6 −16
3	6	−70 −250	−30 −40	−30 −48	−30 −60	−30 −78	−30 −105	−20 −28	−20 −32	−20 −38	−20 −50	−20 −68	−10 −15	−10 −18	−10 −22
6	10	−80 −300	−40 −55	−40 −62	−40 −76	−40 −98	−40 −130	−25 −34	−25 −40	−25 −47	−25 −61	−25 −83	−13 −19	−13 −22	−13 −28
10	14	−95 −365	−50 −68	−50 −77	−50 −93	−50 −120	−50 −160	−32 −43	−32 −50	−32 −59	−32 −75	−32 −102	−16 −24	−16 −27	−16 −34
14	18														
18	24	−110 −440	−65 −86	−65 −98	−65 −117	−65 −149	−65 −195	−40 −53	−40 −61	−40 −73	−40 −92	−40 −124	−20 −29	−20 −33	−20 −41
24	30														
30	40	−120 −510	−80 −105	−80 −119	−80 −142	−80 −180	−80 −240	−50 −66	−50 −75	−50 −89	−50 −112	−50 −150	−25 −36	−25 −41	−25 −50
40	50	−130 −520													
50	65	−140 −600	−100 −130	−100 −146	−100 −174	−100 −220	−100 −290	−60 −79	−60 −90	−60 −106	−60 −134	−60 −180	−30 −43	−30 −49	−30 −60
65	80	−150 −610													
80	100	−170 −710	−120 −155	−120 −174	−120 −207	−120 −260	−120 −340	−72 −94	−72 −107	−72 −126	−72 −159	−72 −282	−36 −51	−36 −58	−36 −71
100	120	−180 −720													
120	140	−200 −830	−145 −185	−145 −208	−145 −245	−145 −305	−145 −395	−85 −110	−85 −125	−85 −148	−85 −185	−85 −245	−43 −61	−43 −68	−43 −83
140	160	−210 −840													
160	180	−230 −860													
180	200	−240 −960	−170 −216	−170 −242	−170 −285	−170 −355	−170 −460	−100 −129	−100 −146	−100 −172	−100 −215	−100 −285	−50 −70	−50 −79	−50 −96
200	225	−260 −980													
225	250	−280 −1 000													
250	280	−300 −1 100	−190 −242	−190 −271	−190 −320	−190 −400	−190 −510	−110 −142	−110 −162	−110 −191	−110 −240	−110 −320	−56 −79	−56 −88	−56 −108
280	315	−330 −1 140													
315	355	−360 −1 250	−210 −267	−210 −299	−210 −350	−210 −440	−210 −570	−125 −161	−125 −182	−125 −214	−125 −265	−125 −355	−62 −87	−62 −98	−62 −109
355	400	−400 −1 290													
400	450	−440 −1 410	−230 −293	−230 −327	−230 −385	−230 −480	−230 −630	−135 −175	−135 −198	−135 −232	−135 −290	−135 −385	−68 −95	−68 −108	−68 −131
450	500	−480 −1 450													

带												
		g					h					
8	9	4	5	6	7	8	1	2	3	4	5	6
−6 −20	−6 −31	−2 −5	−2 −6	−2 −8	−2 −12	−2 −16	0 −0.8	0 −1.2	0 −2	0 −3	0 −4	0 −6
−10 −28	−10 −40	−4 −8	−4 −9	−4 −12	−4 −16	−4 −22	0 −1	0 −1.5	0 −2.5	0 −4	0 −5	0 −8
−13 −35	−13 −49	−5 −9	−5 −11	−5 −14	−5 −20	−5 −27	0 −1	0 −1.5	0 −2.5	0 −4	0 −6	0 −9
−16 −43	−16 −59	−6 −11	−6 −14	−6 −17	−6 −24	−6 −33	0 −1.2	0 −2	0 −3	0 −5	0 −8	0 −11
−20 −53	−20 −72	−7 −13	−7 −16	−7 −20	−7 −28	−7 −40	0 −1.5	0 −2.5	0 −4	0 −6	0 −9	0 −13
−25 −64	−25 −87	−9 −16	−9 −20	−9 −25	−9 −34	−9 −48	0 −1.5	0 −2.5	0 −4	0 −7	0 −11	0 −16
−30 −76	−30 −104	−10 −18	−10 −23	−10 −29	−10 −40	−10 −56	0 −2	0 −3	0 −5	0 −8	0 −13	0 −19
−36 −90	−36 −123	−12 −22	−12 −27	−12 −34	−12 −47	−12 −66	0 −2.5	0 −4	0 −6	0 −10	0 −15	0 −22
−43 −106	−43 −143	−14 −26	−14 −32	−14 −39	−14 −54	−14 −77	0 −3.5	0 −5	0 −8	0 −12	0 −18	0 −25
−50 −122	−50 −165	−15 −29	−15 −35	−15 −44	−15 −61	−15 −87	0 −4.5	0 −7	0 −10	0 −14	0 −20	0 −29
−56 −137	−56 −186	−17 −33	−17 −40	−17 −49	−17 −69	−17 −98	0 −6	0 −8	0 −12	0 −16	0 −23	0 −32
−62 −151	−62 −202	−18 −36	−18 −43	−18 −54	−18 −75	−18 −107	0 −7	0 −9	0 −13	0 −18	0 −25	0 −36
−68 −165	−68 −223	−20 −40	−20 −47	−20 −60	−20 −83	−20 −117	0 −8	0 −10	0 −15	0 −20	0 −27	0 −40

续表

基本尺寸/mm		公差												
		h							j					
大于	至	7	8	9	10	11	12	13	5	6	7	1	2	3
—	3	0 −10	0 −14	0 −25	0 −40	0 −60	0 −100	0 −140	—	+4 −2	+6 −4	±0.4	±0.6	±1
3	6	0 −12	0 −18	0 −30	0 −48	0 −75	0 −120	0 −180	+3 −2	+6 −2	+8 −4	±0.5	±0.75	±1.25
6	10	0 −15	0 −22	0 −36	0 −58	0 −90	0 −150	0 −220	+4 −2	+7 −2	+10 −5	±0.5	±0.75	±1.25
10	14	0 −18	0 −27	0 −43	0 −70	0 −110	0 −180	0 −270	+5 −3	+8 −3	+12 −6	±0.6	±1	±1.5
14	18													
18	24	0 −21	0 −33	0 −52	0 −84	0 −130	0 −210	0 −330	+5 −4	+9 −4	+13 −8	±0.75	±1.25	±2
24	30													
30	40	0 −25	0 −39	0 −62	0 −100	0 −160	0 −250	0 −390	+6 −5	+11 −5	+15 −10	±0.75	±1.25	±2
40	50													
50	65	0 −30	0 −46	0 −74	0 −120	0 −190	0 −300	0 −460	+6 −7	+12 −7	+18 −12	±1	±1.5	±2.5
65	80													
80	100	0 −35	0 −54	0 −87	0 −140	0 −220	0 −350	0 −540	+6 −9	+13 −9	+20 −15	±1.25	±2	±3
100	120													
120	140	0 −40	0 −63	0 −100	0 −160	0 −250	0 −400	0 −630	+7 −11	+14 −11	+22 −18	±1.75	±2.25	±4
140	160													
160	180													
180	200	0 −46	0 −72	0 −115	0 −185	0 −290	0 −460	0 −720	+7 −13	+16 −13	+25 −21	±2.25	±3.5	±5
200	225													
225	250													
250	280	0 −52	0 −81	0 −130	0 −210	0 −320	0 −520	0 −810	+7 −16	—	—	±3	±4	±6
280	315													
315	355	0 −57	0 −89	0 −140	0 −230	0 −360	0 −570	0 −890	+7 −18	—	+29 −28	±3.5	±4.5	±6.5
355	400													
400	450	0 −63	0 −97	0 −155	0 −250	0 −400	0 −630	0 −970	+7 −20	—	+31 −32	±4	±5	±7.5
450	500													

带											
js										k	
4	5	6	7	8	9	10	11	12	13	4	5
±1.5	±2	±3	±5	±7	±12	±20	±30	±50	±70	+3 0	+14 0
±2	±2.5	±4	±6	±9	±15	±24	±37	±60	±90	+5 +1	+6 +1
±2	±3	±4.5	±7	±11	±18	±29	±45	±75	±110	+5 +1	+7 +1
±2.5	±4	±5.5	±9	±13	±21	±35	±55	±90	±135	+6 +1	+9 +1
±3	±4.5	±6.5	±10	±16	±26	±42	±65	±105	±165	+8 +2	+11 +2
±3.5	±5.5	±8	±12	±19	±31	±50	±80	±125	±195	+9 +2	+13 +2
±4	±6.5	±9.5	±15	±23	±37	±60	±95	±150	±230	+10 +2	+15 +2
±5	±7.5	±11	±17	±27	±43	±70	±110	±175	±270	+13 +3	+18 +3
±6	±9	±12.5	±20	±31	±50	±80	±110	±200	±315	+15 +3	+21 +3
±7	±10	±14.5	±23	±36	±57	±92	±145	±230	±360	+18 +4	+24 +3
±8	±11.5	±16	±26	±40	±65	±105	±160	±260	±405	+20 +4	+27 +4
±9	±12.5	±18	±28	±44	±70	±115	±180	±285	±445	+22 +4	+29 +4
±10	±13.5	±20	±31	±48	±77	±125	±200	±315	±485	+25 +5	+32 +5

续表

基本尺寸/mm		公 差												
		k			m					n				
大于	至	6	7	8	4	5	6	7	8	4	5	6	7	8
—	3	+6 0	+10 0	+14 0	+5 +2	+6 +2	+8 +2	+12 +2	+16 +2	+7 +4	+8 +4	+10 +4	+14 +4	+18 +4
3	6	+9 +1	+13 +1	+18 0	+8 +4	+9 +4	+12 +4	+16 +4	+22 +4	+12 +8	+13 +8	+16 +8	+20 +8	+26 +8
6	10	+10 +1	+16 +1	+22 0	+10 +6	+12 +6	+15 +6	+21 +6	+28 +6	+14 +10	+16 +10	+19 +10	+25 +10	+22 +10
10	14	+12 +1	+19 +1	+27 0	+12 +7	+15 +7	+18 +7	+25 +7	+34 +7	+17 +12	+20 +12	+23 +12	+30 +12	+39 +12
14	18													
18	24	+15 +2	+23 +2	+33 0	+14 +8	+17 +8	+21 +8	+29 +8	+41 +8	+21 +15	+24 +15	+28 +15	+36 +15	+48 +15
24	30													
30	40	+18 +2	+27 +2	+39 +0	+16 +9	+20 +9	+25 +9	+34 +9	+48 +9	+24 +17	+28 +17	+33 +17	+42 +17	+56 +17
40	50													
50	65	+21 +2	+32 +2	+46 0	+19 +11	+24 +11	+30 +11	+41 +11	+57 +11	+28 +20	+33 +20	+39 +20	+50 +20	+66 +20
65	80													
80	100	+25 +3	+38 +3	+54 0	+23 +13	+28 +13	+35 +13	+48 +13	+67 +13	+33 +23	+38 +23	+45 +23	+58 +23	+77 +23
100	120													
120	140	+28 +3	+43 +3	+63 0	+27 +15	+33 +15	+40 +15	+55 +15	+78 +15	+39 +27	+45 +27	+52 +27	+67 +27	+90 +27
140	160													
160	180													
180	200	+33 +4	+50 +4	+72 0	+31 +17	+37 +17	+46 +17	+63 +17	+89 +17	+45 +31	+51 +31	+60 +31	+77 +31	+103 +31
200	225													
225	250													
250	280	+36 +4	+56 +4	+81 0	+36 +20	+43 +20	+52 +20	+72 +20	+101 +20	+50 +34	+57 +34	+66 +34	+86 +34	+115 +34
280	315													
315	355	+40 +4	+61 +4	+89 0	+39 +21	+46 +21	+57 +21	+78 +21	+110 +21	+55 +37	+62 +37	+73 +37	+94 +37	+128 +37
355	400													
400	450	+45 +5	+68 +5	+97 0	+43 +23	+50 +23	+63 +23	+86 +23	+120 +23	+60 +40	+67 +40	+80 +40	+103 +40	+137 +40
450	500													

带												
p					r					s		
4	5	6	7	8	4	5	6	7	8	4	5	6
+9 +6	+10 +6	+12 +6	+16 +6	+20 +6	+13 +10	+14 +10	+16 +10	+20 +10	+24 +10	+17 +14	+18 +14	+20 +14
+16 +12	+17 +12	+20 +12	+24 +12	+30 +12	+19 +15	+20 +15	+23 +15	+27 +15	+33 +15	+23 +19	+24 +19	+27 +19
+19 +15	+21 +15	+24 +15	+30 +15	+37 +15	+23 +19	+25 +19	+28 +19	+34 +19	+41 +19	+27 +23	+29 +23	+32 +23
+23 +18	+26 +18	+29 +18	+36 +18	+45 +18	+28 +23	+31 +23	+34 +32	+41 +23	+50 +23	+33 +28	+36 +28	+39 +28
+28 +22	+31 +22	+35 +22	+43 +22	+55 +22	+34 +28	+37 +28	+41 +28	+49 +28	+61 +28	+41 +35	+44 +35	+48 +35
+33 +26	+37 +26	+42 +26	+51 +26	+65 +26	+41 +34	+45 +34	+50 +34	+59 +34	+73 +34	+50 +43	+54 +43	+59 +43
+40 +32	+45 +32	+32	+62 +32	+78 +32	+49 +41	+54 +41	+60 +41	+71 +41	+87 +41	+61 +53	+66 +53	+72 +53
					+51 +43	+56 +43	+62 +43	+73 +43	+89 +43	+67 +59	+72 +59	+78 +59
+47 +37	+52 +37	+59 +37	+73 +37	+91 +37	+61 +51	+66 +51	+73 +51	+86 +51	+105 +51	+81 +71	+86 +71	+93 +71
					+64 +53	+69 +54	+76 +54	+89 +54	+108 +54	+89 +79	+94 +79	+101 +79
+55 +43	+61 +43	+68 +43	+83 +43	+106 +43	+75 +63	+81 +63	+88 +63	+103 +63	+126 +63	+104 +92	+110 +92	+117 +92
					+77 +65	+77 +65	+90 +65	+105 +65	+128 +65	+112 +100	+118 +100	+125 +100
					+80 +68	+86 +68	+93 +68	+108 +68	+131 +68	+120 +108	+126 +108	+133 +108
+64 +50	+70 +50	+79 +50	+96 +50	+122 +50	+91 +77	+97 +77	+106 +77	+123 +77	+149 +77	+136 +122	+142 +122	+151 +122
					+94 +80	+100 +80	+109 +80	+126 +80	+152 +80	+144 +130	+150 +130	+159 +130
					+98 +84	+104 +84	+113 +84	+130 +84	+156 +84	+154 +140	+160 +140	+169 +140
+72 +56	+79 +56	+88 +56	+108 +56	+137 +56	+110 +94	+117 +94	+126 +94	+146 +94	+175 +94	+174 +158	+181 +158	+190 +158
					+114 +98	+121 +98	+130 +98	+150 +98	+179 +98	+186 +170	+193 +170	+202 +170
+80 +62	+87 +62	+98 +62	+119 +62	+151 +62	+126 +108	+133 +108	+144 +108	+165 +108	+197 +108	+208 +190	+215 +190	+226 +190
					+132 +114	+139 +114	+150 +114	+171 +114	+203 +114	+226 +208	+233 +208	+244 +208
+88 +68	+95 +68	+108 +68	+131 +68	+165 +68	+146 +126	+153 +126	+166 +126	+189 +126	+223 +126	+252 +232	+259 +232	+272 +232
					+152 +132	+159 +132	+172 +132	+195 +132	+229 +132	+272 +252	+279 +252	+292 +252

续表

基本尺寸/mm		公差												
		s		t				u				v		
大于	至	7	8	5	6	7	8	5	6	7	8	5	6	7
—	3	+24 +14	+28 +14	—	—	—	—	+22 +18	+24 +18	+28 +18	+32 +18	—	—	—
3	6	+31 +19	+37 +19	—	—	—	—	+28 +23	+31 +23	+35 +23	+41 +23	—	—	—
6	10	+38 +23	+45 +23	—	—	—	—	+34 +28	+37 +28	+43 +28	+50 +28	—	—	—
10	14	+46 +28	+55 +28	—	—	—	—	+41 +33	+44 +33	+51 +33	+60 +33	—	—	—
14	18			—	—	—	—					+47 +39	+50 +39	+57 +39
18	24	+56 +35	+68 +35	—	—	—	—	+50 +41	+54 +41	+62 +41	+74 +41	+56 +47	+60 +47	+68 +47
24	30			+50 +41	+54 +41	+62 +41	+74 +41	+57 +48	+61 +48	+69 +48	+81 +48	+64 +55	+68 +55	+76 +55
30	40	+68 +43	+82 +43	+59 +48	+64 +48	+73 +48	+87 +48	+71 +60	+76 +60	+85 +60	+99 +60	+79 +68	+84 +68	+93 +68
40	50			+65 +54	+70 +54	+79 +54	+93 +54	+81 +70	+86 +70	+95 +70	+109 +70	+92 +81	+97 +81	+106 +81
50	65	+83 +53	+99 +53	+79 +66	+85 +66	+96 +66	+112 +66	+100 +87	+106 +87	+117 +87	+133 +87	+115 +102	+121 +102	+132 +102
65	80	+89 +59	+150 +59	+88 +75	+94 +75	+105 +75	+121 +75	+115 +102	+121 +102	+132 +102	+148 +102	+133 +120	+139 +120	+150 +120
80	100	+106 +71	+125 +71	+106 +91	+113 +91	+126 +91	+145 +91	+139 +124	+146 +124	+159 +124	+178 +124	+161 +146	+168 +146	+181 +146
100	120	+114 +79	+133 +79	+119 +104	+126 +104	+139 +104	+158 +104	+159 +144	+166 +144	+179 +144	+198 +144	+187 +172	+194 +172	+207 +172
120	140	+132 +92	+155 +92	+140 +122	+147 +122	+162 +122	+185 +122	+188 +170	+195 +170	+210 +170	+233 +170	+220 +202	+227 +202	+242 +202
140	160	+140 +100	+163 +100	+152 +134	+159 +134	+174 +134	+197 +134	+208 +190	+215 +190	+230 +190	+253 +190	+246 +228	+253 +228	+268 +228
160	180	+148 +108	+171 +108	+164 +146	+171 +146	+186 +146	+209 +146	+228 +210	+235 +210	+250 +210	+273 +210	+270 +252	+277 +252	+292 +252
180	200	+168 +122	+194 +122	+186 +166	+195 +166	+212 +166	+238 +166	+256 +236	+265 +236	+282 +236	+308 +236	+304 +284	+313 +284	+330 +284
200	225	+176 +130	+202 +130	+200 +180	+209 +180	+226 +180	+252 +180	+278 +258	+287 +258	+304 +258	+330 +258	+330 +310	+339 +310	+356 +310
225	250	+186 +140	+212 +140	+216 +196	+225 +196	+242 +196	+268 +196	+304 +284	+313 +284	+330 +284	+356 +284	+360 +340	+369 +340	+386 +340
250	280	+210 +158	+239 +158	+241 +218	+250 +218	+270 +218	+299 +218	+338 +315	+347 +315	+367 +315	+396 +315	+408 +385	+417 +385	+437 +385
280	315	+222 +170	+251 +170	+263 +240	+272 +240	+292 +240	+321 +240	+373 +350	+382 +350	+402 +350	+431 +350	+448 +425	+457 +425	+477 +425
315	355	+247 +190	+279 +190	+293 +268	+304 +268	+325 +268	+357 +268	+415 +390	+426 +390	+447 +390	+479 +390	+500 +475	+511 +475	+532 +475
355	400	+265 +208	+297 +208	+319 +294	+330 +294	+351 +294	+383 +294	+460 +435	+471 +435	+492 +435	+524 +435	+555 +530	+566 +530	+587 +530
400	450	+295 +232	+329 +232	+357 +330	+370 +330	+393 +330	+427 +330	+517 +490	+530 +490	+553 +490	+587 +490	+622 +595	+635 +595	+658 +595
450	500	+315 +252	+349 +252	+387 +360	+400 +360	+423 +360	+457 +360	+567 +540	+580 +540	+603 +540	+637 +540	+687 +660	+700 +660	+723 +660

带	x				y				z			
8	5	6	7	8	5	6	7	8	5	6	7	8
—	+24 +20	+26 +20	+30 +20	+34 +20	—	—	—	—	+30 +26	+32 +26	+36 +26	+40 +26
—	+33 +28	+36 +28	+40 +28	+46 +28	—	—	—	—	+40 +35	+43 +35	+47 +35	+53 +35
—	+40 +34	+43 +34	+49 +34	+56 +34	—	—	—	—	+48 +42	+51 +42	+57 +42	+64 +42
—	+48 +40	+51 +40	+58 +40	+67 +40	—	—	—	—	+58 +50	+61 +50	+68 +50	+77 +50
+66 +39	+53 +45	+56 +45	+63 +45	+72 +45	—	—	—	—	+68 +60	+71 +60	+78 +60	+87 +60
+80 +47	+63 +54	+67 +54	+75 +54	+87 +54	+72 +63	+76 +63	+84 +63	+96 +63	+82 +73	+86 +73	+94 +73	+106 +73
+88 +55	+73 +64	+77 +64	+85 +64	+97 +64	+84 +75	+88 +75	+96 +75	+108 +75	+97 +88	+101 +88	+109 +88	+121 +88
+107 +68	+91 +80	+96 +80	+105 +80	+119 +80	+105 +94	+110 +94	+119 +94	+133 +94	+123 +112	+128 +112	+137 +112	+151 +112
+120 +81	+108 +97	+113 +97	+122 +97	+136 +97	+125 +114	+130 +114	+139 +114	+153 +114	+147 +136	+152 +136	+161 +136	+175 +136
+148 +122	+135 +122	+141 +122	+152 +122	+168 +122	+157 +144	+163 +144	+174 +144	+190 +144	+185 +172	+191 +172	+202 +172	+128 +172
+166 +120	+159 +146	+165 +146	+176 +146	+192 +146	+187 +174	+193 +174	+204 +174	+220 +174	+223 +210	+229 +210	+240 +210	+256 +210
+200 +146	+193 +178	+200 +178	+213 +178	+232 +178	+229 +214	+236 +214	+249 +214	+268 +214	+273 +258	+280 +258	+293 +258	+312 +258
+226 +172	+225 +210	+232 +210	+245 +210	+264 +210	+269 +254	+276 +254	+289 +254	+308 +254	+325 +310	+332 +310	+345 +310	+364 +310
+265 +202	+266 +248	+273 +248	+288 +248	+311 +248	+318 +300	+325 +300	+340 +300	+363 +300	+383 +365	+390 +365	+405 +365	+428 +365
+291 +228	+298 +280	+305 +280	+320 +280	+343 +280	+358 +340	+365 +340	+380 +340	+403 +340	+433 +415	+440 +415	+355 +415	+478 +415
+315 +252	+328 +310	+335 +310	+350 +310	+373 +310	+398 +380	+405 +380	+420 +380	+443 +380	+483 +465	+490 +465	+505 +465	+528 +465
+356 +284	+370 +350	+379 +350	+396 +350	+422 +350	+445 +425	+454 +425	+471 +425	+497 +425	+510 +520	+549 +520	+566 +520	+592 +520
+382 +310	+405 +385	+414 +385	+431 +385	+457 +385	+490 +470	+499 +470	+516 +470	+542 +470	+595 +575	+604 +575	+621 +575	+647 +575
+412 +340	+445 +425	+454 +425	+471 +425	+497 +425	+540 +520	+549 +520	+566 +520	+592 +520	+660 +640	+669 +640	+686 +640	+712 +640
+466 +385	+498 +475	+507 +475	+527 +475	+556 +475	+603 +580	+612 +580	+632 +580	+661 +580	+733 +710	+742 +710	+762 +710	+791 +710
+506 +425	+548 +525	+557 +525	+577 +525	+606 +525	+673 +650	+682 +650	+702 +650	+731 +650	+813 +790	+822 +790	+842 +790	+871 +790
+564 +475	+615 +590	+626 +590	+647 +590	+679 +590	+755 +730	+766 +730	+787 +730	+819 +730	+925 +900	+936 +900	+957 +900	+989 +900
+619 +530	+685 +660	+696 +660	+717 +660	+749 +660	+845 +820	+856 +820	+877 +820	+909 +820	+1 025 +1 000	+1 036 +1 000	+1 057 +1 000	+1 089 +1 000
+692 +595	+767 +740	+780 +740	+803 +740	+837 +740	+947 +920	+960 +920	+983 +920	+1 017 +920	+1 127 +1 100	+1 140 +1 100	+1 163 +1 100	+1 197 +1 100
+757 +660	+847 +820	+860 +820	+883 +820	+917 +820	+1 027 +1 000	+1 040 +1 000	+1 063 +1 000	+1 097 +1 000	+1 277 +1 250	+1 290 +1 250	+1 313 +1 250	+1 347 +1 250

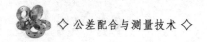

附录 B　孔的极限偏差/μm

基本尺寸/mm		公差												
		A				B				C				
大于	至	9	10	11	12	9	10	11	12	8	9	10	11	12
—	3	+295 +270	+310 +270	+330 +270	+370 +270	+165 +140	+180 +140	+200 +140	+240 +140	+74 +160	+85 +160	+100 +160	+120 +60	+160 +60
3	6	+300 +270	+318 +270	+345 +270	+390 +270	+170 +140	+188 +140	+215 +140	+260 +140	+88 +70	+100 +70	+118 +70	+145 +70	+190 +70
6	10	+316 +280	+338 +280	+370 +280	+430 +280	+186 +150	+208 +150	+240 +150	+300 +150	+102 +80	+116 +80	+138 +80	+170 +80	+230 +80
10	14	+333 +290	+360 +290	+400 +290	+470 +290	+193 +150	+220 +150	+260 +150	+330 +150	+122 +95	+138 +95	+165 +95	+205 +95	+275 +95
14	18													
18	24	+352 +300	+384 +300	+430 +300	+510 +300	+212 +160	+244 +160	+290 +160	+370 +160	+143 +110	+162 +110	+164 +110	+240 +110	+320 +110
24	30													
30	40	+372 +310	+410 +310	+470 +310	+560 +310	+232 +170	+270 +170	+330 +170	+420 +170	+159 +120	+182 +120	+220 +120	+280 +120	+370 +120
40	50	+382 +320	+420 +320	+480 +320	+570 +320	+242 +180	+280 +180	+340 +180	+430 +180	+169 +130	+192 +130	+230 +130	+290 +130	+380 +130
50	65	+414 +340	+420 +340	+530 +340	+640 +340	+264 +190	+310 +190	+380 +190	+490 +190	+186 +140	+214 +140	+264 +140	+330 +140	+440 +140
65	80	+434 +360	+480 +360	+550 +360	+660 +360	+274 +200	+320 +200	+390 +200	+500 +200	+196 +150	+224 +150	+270 +150	+340 +150	+450 +150
80	100	+467 +380	+520 +380	+600 +380	+730 +380	+307 +220	+360 +220	+440 +220	+570 +220	+224 +170	+257 +170	+310 +170	+390 +170	+520 +170
100	120	+497 +410	+550 +410	+630 +410	+760 +410	+327 +240	+380 +240	+460 +240	+590 +240	+234 +180	+267 +180	+320 +180	+400 +180	+530 +180
120	140	+560 +460	+620 +460	+710 +460	+860 +460	+360 +260	+420 +260	+510 +260	+660 +260	+263 +200	+300 +200	+360 +300	+450 +200	+600 +200
140	160	+620 +520	+680 +520	+770 +520	+920 +520	+380 +280	+440 +280	+530 +280	+680 +280	+273 +210	+310 +210	+370 +210	+460 +210	+610 +210
160	180	+680 +580	+740 +580	+830 +580	+980 +580	+410 +310	+470 +310	+560 +310	+710 +310	+293 +230	++330 +230	+390 +230	+480 +230	+630 +230
180	200	+775 +660	+845 +660	+950 +660	+1 120 +660	+455 +340	+525 +340	+630 +340	+800 +340	+312 +240	+355 +240	+425 +240	+530 +240	+700 +240
200	225	+855 +740	+925 +740	+1 030 +740	+1 200 +740	+495 +380	+565 +380	+670 +380	+840 +380	+332 +260	+375 +260	+445 +260	+550 +260	+720 +260
225	250	+935 +820	+1 005 +820	+1 110 +820	+1 280 +820	+535 +420	+605 +420	+710 +420	+880 +420	+352 +280	+395 +280	+465 +280	+570 +280	+740 +280
250	280	+1 050 +920	+1 130 +920	+1 210 +920	+1 440 +920	+610 +480	+690 +480	+800 +480	+1 000 +480	+381 +300	+430 +300	+510 +300	+620 +300	+820 +300
280	315	+1 180 +1 050	+1 260 +1 050	+1 370 +1 050	+1 570 +1 050	+670 +540	+750 +540	+860 +540	+1 060 +540	+411 +330	+460 +330	+540 +330	+650 +330	+850 +330
315	355	+1 340 +1 200	+1 430 +1 200	+1 560 +1 200	+1 770 +1 200	+740 +600	+830 +600	+960 +600	+1 070 +600	+449 +360	+500 +360	+590 +360	+720 +360	+930 +360
355	400	+1 490 +1 350	+1 580 +1 350	+1 710 +1 350	+1 920 +1 350	+820 +680	+910 +680	+1 040 +680	+1 250 +680	+489 +400	+540 +400	+630 +400	+760 +400	+970 +400
400	450	+1 655 +1 500	+1 750 +1 500	+1 900 +1 500	+2 130 +1 500	+915 +760	+1 010 +760	+1 160 +760	+1 390 +760	+537 +440	+595 +440	+690 +440	+840 +440	+1 070 +440
450	500	+1 805 +1 650	+1 900 +1 650	+2 050 +1 650	+1 280 +1 650	+995 +840	+1 090 +840	+1 240 +840	+1 470 +840	+577 +480	+635 +480	+730 +480	+880 +480	+1 110 +480

注:基本尺寸小于 1 mm 时,各级的 A 和 B 均不采用。

带												
D					E				F			
7	8	9	10	11	7	8	9	10	6	7	8	9
+30 +20	+34 +20	+45 +20	+60 +20	+80 +20	+24 +14	+28 +14	+39 +14	+54 +14	+12 +6	+16 +6	+20 +6	+31 +6
+42 +30	+48 +30	+60 +30	+78 +30	+105 +30	+32 +20	+38 +20	+50 +20	+68 +20	+18 +10	+22 +10	+28 +10	+40 +10
+55 +40	+62 +40	+76 +40	+98 +40	+130 +40	+40 +25	+47 +25	+61 +25	+83 +25	+22 +13	+28 +13	+35 +13	+49 +13
+68 +50	+77 +50	+93 +50	+120 +50	+160 +50	+50 +32	+59 +32	+75 +32	+102 +32	+27 +16	+34 +16	+43 +16	+59 +16
+86 +65	+98 +65	+117 +65	+149 +65	+195 +65	+61 +40	+73 +40	+92 +40	+124 +40	+33 +20	+41 +20	+53 +20	+72 +20
+105 +80	+119 +80	+142 +80	+180 +80	+240 +80	+75 +50	+89 +50	+112 +50	+150 +50	+41 +25	+50 +25	+64 +25	+87 +25
+130 +100	+146 +100	+174 +100	+220 +100	+290 +100	+90 +60	+106 +60	+134 +60	+180 +60	+49 +30	+60 +30	+76 +30	+104 +30
+155 +120	+174 +120	+207 +120	+260 +120	+340 +120	+107 +72	+126 +72	+159 +72	+212 +72	+58 +36	+71 +36	+90 +36	+123 +36
+185 +145	+208 +145	+245 +145	+305 +145	+395 +145	+125 +85	+148 +85	+185 +85	+245 +85	+68 +43	+83 +43	+106 +43	+143 +43
+216 +170	+242 +170	+285 +170	+355 +170	+460 +170	+146 +100	+172 +100	+215 +100	+285 +100	+79 +50	+96 +50	+122 +50	+165 +50
+242 +190	+271 +190	+320 +190	+400 +190	+510 +190	+162 +110	+191 +110	+240 +110	+320 +110	+88 +56	+108 +56	+137 +56	+186 +56
+267 +210	+299 +210	+350 +210	+440 +210	+570 +210	+182 +125	+214 +125	+265 +125	+355 +125	+98 +62	+119 +62	+151 +62	+202 +62
+293 +230	+327 +230	+385 +230	+480 +230	+630 +230	+198 +135	+232 +135	+290 +135	+385 +135	+108 +68	+131 +68	+165 +68	+226 +68

续表

基本尺寸/mm		公 差												
		G				H								
大于	至	5	6	7	8	1	2	3	4	5	6	7	8	9
—	3	+6 +2	+8 +2	+12 +2	+16 +2	+0.8 0	+1.2 0	+2 0	+3 0	+4 0	+6 0	+10 0	+14 0	+25 0
3	6	+9 +4	+12 +4	+16 +4	+22 +4	+1 0	+1.5 0	+2.5 0	+4 0	+6 0	+8 0	+12 0	+18 0	+30 0
6	10	+11 +5	+14 +5	+20 +5	+27 +5	+1 0	+1.5 0	+2.5 0	+4 0	+6 0	+9 0	+15 0	+22 0	+36 0
10	14	+14 +6	+17 +6	+24 +6	+33 +6	+1.2 0	+2 0	+3 0	+5 0	+8 0	+11 0	+18 0	+27 0	+43 0
14	18													
18	24	+16 +7	+20 +7	+28 +7	+40 +7	+1.5 0	+2.5 0	+4 0	+6 0	+9 0	+13 0	+21 0	+33 0	+52 0
24	30													
30	40	+20 +9	+25 +9	+34 +9	+48 +9	+1.5 0	+2.5 0	+4 0	+7 0	+11 0	+16 0	+25 0	+39 0	+62 0
40	50													
50	65	+23 +10	+29 +10	+40 +10	+56 +10	+2 0	+3 0	+5 0	+8 0	+13 0	+19 0	+30 0	+46 0	+74 0
65	80													
80	100	+27 +12	+34 +12	+47 +12	+66 +12	+2.5 0	+4 0	+6 0	+10 0	+15 0	+22 0	+35 0	+54 0	+87 0
100	120													
120	140	+32 +14	+39 +14	+54 +14	+77 +14	+3.5 0	+5 0	+8 0	+12 0	+18 0	+25 0	+40 0	+63 0	+100 0
140	160													
160	180													
180	200	+35 +15	+44 +15	+61 +15	+87 +15	+4.5 0	+7 0	+10 0	+14 0	+20 0	+29 0	+46 0	+72 0	+115 0
200	225													
225	250													
250	280	+40 +17	+49 +17	+69 +17	+98 +17	+6 0	+8 0	+12 0	+16 0	+23 0	+32 0	+52 0	+81 0	+130 0
280	315													
315	355	+43 +18	+54 +18	+75 +18	+107 +18	+7 0	+9 0	+13 0	+18 0	+25 0	+36 0	+57 0	+89 0	+140 0
355	400													
400	450	+47 +20	+60 +20	+88 +20	+117 +20	+8 0	+10 0	+15 0	+20 0	+27 0	+10 0	+63 0	+97 0	+155 0
450	500													

带												
				J			Js					
10	11	12	13	6	7	8	1	2	3	4	5	6
+40 0	+60 0	+100 0	+140 0	+2 −4	+4 −6	+6 −8	±0.4	±0.6	±1	±1.5	±2	±3
+48 0	+75 0	+120 0	+180 0	+5 −3	—	+10 −8	±0.5	±0.75	±1.25	±2	±205	±4
+58 0	+90 0	+150 0	+220 0	+5 −4	+8 −7	+12 −10	±0.5	±0.75	±1.25	±2	±3	±4.5
+70 0	+110 0	+180 0	+270 0	+6 −5	+10 −8	+15 −12	±0.6	±1	±1.5	±2.5	±4	±5.5
+84 0	+130 0	+210 0	+330 0	+8 −5	+12 −9	+20 −13	±0.75	±1.25	±2	±3	±5.5	±6.5
+100 0	+160 0	+250 0	+390 0	+10 −6	+14 −11	+24 −15	±0.75	±1.25	±2	±3.5	±4.5	±8
+120 0	+190 0	+300 0	+460 0	+13 −6	+18 −12	+28 −18	±1	±1.5	±2.5	±4	±6.5	±9.5
+140 0	+220 0	+350 0	+540 0	+16 −6	+22 −13	+34 −20	±1.25	±2	±3	±5	±7.5	±11
+160 0	+250 0	+400 0	+630 0	+18 −7	+26 −14	+41 −22	±1.75	±2.5	±4	±6	±9	±12.5
+185 0	+290 0	+460 0	+720 0	+22 −7	+30 −7	+47 −25	±2.25	±3.5	±5	±7	±10	±14.5
+210 0	+320 0	+520 0	+810 0	+25 −7	+36 −16	+55 −26	±3	±4	±6	±8	±11.5	±16
+230 0	+360 0	+570 0	+890 0	+29 −7	+39 −18	+60 −29	±3.5	±4.5	±6.5	±9	±12.5	±18
+250 0	+400 0	+630 0	+970 0	+33 −7	+43 −20	+66 −31	±4	±5	±7.5	±10	±13.5	±20

续表

基本尺寸/mm		公　差												
		Js							K					
大于	至	7	8	9	10	11	12	13	4	5	6	7	8	4
—	3	±5	±7	±12	±20	±30	±50	±70	0 −3	0 −4	0 −6	0 −10	0 −14	−2 −5
3	6	±6	±9	±15	±24	±37	±60	±90	+0.5 −3.5	0 −6	+2 −6	+3 −9	+5 −13	−2.5 −6.5
6	10	±7	±11	±18	±29	±45	±75	±110	+0.5 −3.5	+1 −5	+2 −7	+6 −12	−6 −16	−4.5 −8.5
10	14	±9	±13	±21	±35	±55	±90	±135	+1 −4	+2 −6	+2 −9	+6 −12	+8 −19	−5 −10
14	18													
18	24	±10	±16	±26	±42	±65	±105	±165	0 −6	+1 −8	+2 −11	+6 −15	+10 −23	−6 −12
24	30													
30	40	±12	±19	±31	±50	±80	±125	±195	+1 −6	+2 −9	+3 −13	+7 −18	+12 −27	−6 −13
40	50													
50	65	±15	±23	±37	±60	±95	±150	±230	+1 −7	+3 −10	+4 −15	+9 −21	+14 −32	−8 −16
65	80													
80	100	±17	±27	±43	±70	±100	±175	±270	+1 −9	+2 −13	+4 −18	+0 −25	+16 −38	−9 −19
100	120													
120	140	±20	±31	±50	±80	±125	±200	±315	+1 −11	+3 −15	+4 −21	+12 −28	−20 −43	−11 −23
140	160													
160	180													
180	200	±23	±36	±57	±92	±145	±230	±360	0 −14	+2 −18	+5 −24	+13 −33	+22 −50	−13 −27
200	225													
225	250													
250	280	±26	±40	±65	±105	±160	±260	±405	0 −16	+3 −20	−5 −27	+16 −36	+25 −53	−16 −32
280	315													
315	355	±28	±44	±70	±115	±180	±285	±445	+1 −17	+3 −22	+7 −29	+17 −40	+28 −61	−16 −34
355	400													
400	450	±31	±48	±77	±125	±200	±315	±485	0 −20	+2 −25	+8 −32	+18 −45	+29 −68	−18 −38
450	500													

带												
M				N					P			
5	6	7	8	5	6	7	8	9	5	6	7	8
-2 -6	-2 -8	-2 -12	-2 -16	-4 -8	-4 -10	-4 -14	-4 -18	-4 -29	-6 -10	-6 -12	-6 -16	-6 -20
-3 -8	-1 -9	0 -12	+2 -16	-7 -12	-5 -13	-4 -16	-2 -20	-0 -30	-11 -16	-9 -17	-8 -20	-12 -30
-4 -10	-3 -12	0 -15	+1 -21	-8 -14	-7 -16	-4 -19	-3 -25	-0 -36	-13 -19	-12 -21	-9 -24	-15 -37
-4 -12	-4 -15	0 -18	+2 -25	-9 -17	-9 -20	-5 -23	-3 -30	0 -43	-15 -23	-15 -26	-11 -29	-18 -45
-5 -14	-4 -17	0 -21	+4 -29	-12 -21	-11 -24	-7 -28	-3 -36	0 -52	-19 -28	-18 -31	-17 -42	-22 -55
-5 -16	-4 -20	0 -25	+5 -34	-13 -24	-12 -28	-8 -33	-3 -42	0 -62	-22 -33	-21 -37	-14 -35	-26 -65
-6 -19	-5 -24	0 -30	+5 -41	-15 -28	-14 -33	-9 -39	-4 -50	0 -74	-27 -40	-26 -45	-21 -51	-32 -78
-8 -23	-6 -28	0 -35	+6 -48	-18 -33	-16 -38	-10 -45	-4 -58	0 -87	-32 -47	-30 -52	-24 -59	-37 -91
-9 -27	-8 -33	0 -40	+8 -55	-21 -39	-20 -45	-12 -52	-4 -67	0 -100	-37 -55	-36 -61	-28 -68	-43 -106
-11 -31	-8 -37	0 -46	+9 -63	-25 -45	-22 -51	-14 -60	-5 -77	0 -115	-44 -64	-41 -70	-33 -79	-50 -122
-13 -36	-9 -41	0 -52	+9 -72	-27 -50	-25 -57	-14 -66	-5 -86	0 -130	-49 -72	-47 -79	-36 -88	-56 -137
-14 -39	-10 -46	0 -57	+11 -78	-30 -55	-26 -62	-16 -73	-5 -94	0 -140	-55 -80	-51 -87	-41 -98	-62 -151
-16 -43	-10 -50	0 -63	+11 -86	-33 -60	-27 -67	-17 -80	-6 -103	0 -155	-61 -88	-55 -95	-45 -108	-68 -165

注:1 当基本尺寸大于 250 至 315 mm 时,M6 的 ES 等于-9(不等于-11)。

2.基本尺寸小于 1 mm 时,大于 IT8 的 N 不采用。

续表

基本尺寸/mm		公 差												
		P	R				S				T			
大于	至	9	5	6	7	8	5	6	7	8	6	7	8	6
—	3	-6 -31	-10 -14	-10 -16	-10 -20	-10 -24	-14 -18	-14 -20	-14 -24	-14 -28	—	—	—	-18 -24
3	6	-12 -12	-14 -19	-12 -20	-11 -23	-15 -33	-18 -23	-16 -24	-15 -27	-19 -37	—	—	—	-20 -28
6	10	-15 -51	-17 -23	-16 -25	-13 -28	-19 -41	-21 -27	-20 -29	-17 -32	-23 -45	—	—	—	-25 -34
10 14	14 18	-18 -61	-20 -28	-20 -31	-16 -34	-23 -50	-25 -33	-25 -36	-21 -39	-28 -55	—	—	—	-30 -41
18	24	-22 -74	-25 -34	-24 -37	-20 -41	-28 -61	-32 -41	-31 -44	-27 -48	-35 -68	—	—	—	-37 -50
24	30										-37 -50	-33 -54	-41 -74	-44 -57
30	40	-26 -88	-30 -41	-29 -45	-25 -50	-34 -73	-39 -50	-38 -54	-34 -59	-43 -82	-43 -59	-39 -64	-48 -87	-55 -71
40	50										-49 -65	-45 -70	-54 -93	-65 -81
50	65	-32 -106	-36 -49	-35 -54	-30 -60	-41 -87	-48 -61	-47 -66	-42 -72	-53 -99	-60 -79	-55 -85	-66 -112	-81 -100
65	80		-38 -51	-37 -56	-32 -62	-43 -89	-54 -67	-53 -72	-48 -78	-59 -105	-69 -88	-64 -94	-75 -121	-96 -115
80	100	-37 -124	-46 -61	-44 -66	-38 -73	-51 -105	-66 -81	-64 -86	-58 -93	-71 -125	-84 -106	-78 -113	-94 -145	-117 -139
100	120		-49 -64	-47 -69	-41 -76	-54 -108	-74 -89	-72 -94	-66 -101	-79 -133	-97 -119	-94 -126	-104 -158	-137 -159
120	140	-43 -143	-57 -75	-56 -81	-48 -88	-63 -129	-86 -104	-85 -110	-77 -117	-92 -155	-115 -140	-107 -147	-122 -185	-163 -188
140	160		-59 -77	-58 -83	-50 -90	-65 -128	-94 -112	-93 -118	-85 -125	-100 -163	-127 -152	-119 -159	-134 -197	-183 -208
160	180		-62 -80	-61 -86	-53 -93	-68 -131	-102 -120	-101 -126	-93 -133	-108 -171	-159 -164	-131 -171	-146 -209	-203 -228
180	200	-50 -165	-71 -91	-68 -97	-0 -106	-77 -149	-116 -136	-113 -142	-105 -151	-122 -194	-157 -286	-149 -195	-166 -238	-227 -256
200	225		-74 -94	-71 -100	-63 -109	-80 -152	-124 -144	-121 -150	-113 -159	-130 -202	-171 -200	-163 -209	-180 -252	-249 -278
225	250		-78 -98	-75 -104	-67 -113	-84 -156	-134 -154	-131 -160	-123 -169	-140 -212	-187 -216	-179 -225	-196 -268	-275 -304
250	280	-56 -186	-87 -110	-85 -117	-74 -126	-94 -175	-151 -174	-149 -181	-138 -190	-158 -239	-209 -241	-198 -250	-218 -299	-306 -338
280	315		-91 -114	-89 -121	-78 -130	-98 -179	-163 -186	-161 -193	-150 -202	-170 -251	-231 -263	-220 -272	-240 -321	-341 -373
315	355	-62 -202	-101 -126	-97 -133	-87 -144	-108 -197	-183 -208	-179 -215	-169 -226	-190 -279	-257 -293	-247 -304	-268 -357	-379 -415
355	400		-107 -132	-103 -139	-93 -150	-114 -203	-201 -226	-197 -233	-187 -244	-208 -297	-283 -319	-273 -330	-294 -383	-424 -460
400	450	-68 -223	-119 -146	-113 -153	-103 -166	-126 -223	-225 -252	-219 -259	-209 -272	-232 -329	-317 -357	-307 -370	-330 -427	-477 -517
450	500		-125 -152	-119 -159	-109 -172	-132 -229	-245 -272	-239 -279	-229 -292	-252 -349	-347 -387	-337 -400	-360 -457	-527 -567

带													
U		V			X			Y			Z		
7	8	6	7	8	6	7	8	6	7	8	6	7	8
−18 −28	−18 −32	—	—	—	−20 −26	−20 −30	−20 −34	—	—	—	−26 −32	−26 −36	−26 −40
−19 −31	−23 −41	—	—	—	−25 −33	−24 −36	−28 −46	—	—	—	−32 −40	−31 −43	−35 −53
−22 −37	−28 −50	—	—	—	−31 −40	−28 −43	−34 −56	—	—	—	−39 −48	−36 −51	−42 −64
−26 −44	−33 −60	—	—	—	−37 −48	−33 −51	−40 −67	—	—	—	−47 −58	−43 −61	−50 −77
		−36 −47	−32 −50	−39 −66	−42 −53	−38 −56	−45 −72	—	—	—	−57 −68	−53 −71	−60 −87
−53 −54	−41 −74	−43 −56	−39 −60	−47 −80	−50 −63	−46 −67	−54 −87	−59 −72	−55 −76	−63 −96	−69 −82	−65 −86	−73 −106
−40 −61	−48 −81	−51 −64	−47 −68	−55 −88	−60 −73	−56 −77	−64 −97	−71 −84	−67 −88	−75 −108	−84 −97	−80 −101	−88 −121
−51 −76	−60 −99	−63 −79	−59 −84	−68 −107	−75 −91	−71 −96	−80 −119	−89 −105	−85 −110	−94 −133	−107 −123	−103 −128	−112 −151
−61 −86	−70 −109	−76 −92	−72 −97	−81 −120	−92 −108	−88 −113	−97 −136	−109 −125	−105 −130	−114 −153	−131 −147	−127 −152	−136 −175
−76 −106	−87 −133	−96 −115	−91 −121	−102 −148	−116 −135	−111 −141	−122 −168	−138 −157	−133 −163	−144 −190	−166 −185	−161 −191	−172 −218
−91 −121	−102 −148	−114 −133	−109 −139	−120 −166	−140 −159	−135 −165	−146 −192	−168 −187	−163 −193	−174 −220	−204 −223	−199 −229	−210 −256
−111 −146	−124 −178	−139 −161	−133 −168	−146 −200	−171 −193	−165 −200	−178 −232	−207 −229	−201 −236	−214 −268	−251 −273	−245 −280	−258 −312
−131 −166	−144 −198	−165 −187	−159 −194	−172 −226	−203 −225	−197 −232	−210 −264	−247 −269	−241 −276	−254 −308	−303 −325	−297 −332	−310 −364
−155 −195	−170 −233	−195 −220	−187 −227	−202 −265	−241 −266	−233 −273	−248 −311	−293 −318	−285 −325	−300 −363	−358 −383	−350 −390	−365 −428
−175 −215	−190 −253	−221 −246	−213 −253	−228 −291	−273 −298	−265 −305	−280 −343	−333 −358	−325 −365	−340 −403	−408 −433	−400 −440	−415 −478
−195 −235	−210 −273	−245 −270	−237 −277	−252 −315	−303 −328	−295 −335	−310 −373	−373 −398	−365 −405	−380 −443	−458 −483	−450 −490	−468 −528
−219 −265	−236 −308	−275 −304	−267 −313	−284 −356	−341 −370	−333 −379	−350 −422	−416 −445	−408 −454	−425 −497	−511 −540	−503 −549	−520 −562
−241 −287	−258 −330	−301 −330	−293 −339	−310 −382	−376 −405	−368 −414	−385 −457	−461 −490	−453 −499	−470 −542	−566 −595	−558 −604	−575 −647
−267 −313	−284 −356	−331 −360	−323 −369	−340 −412	−416 −445	−408 −454	−425 −497	−511 −540	−503 −549	−520 −592	−631 −660	−623 −669	−640 −712
−295 −347	−315 −396	−376 −408	−365 −417	−385 −466	−466 −498	−455 −507	−475 −556	−571 −603	−560 −612	−580 −661	−701 −733	−690 −742	−710 −791
−330 −382	−350 −431	−416 −448	−405 −457	−425 −506	−516 −548	−505 −557	−525 −606	−641 −673	−630 −682	−650 −731	−781 −813	−770 −822	−790 −871
−369 −426	−390 −479	−464 −500	−454 −511	−475 −464	−578 −615	−569 −626	−590 −679	−719 −755	−709 −766	−730 −819	−889 −925	−879 −936	−900 −989
−414 −471	−435 −524	−519 −555	−509 −566	−530 −619	−649 −685	−639 −696	−660 −749	−809 −809	−799 −856	−820 −909	−989 −1 025	−979 −1 036	−1 000 −1 089
−467 −530	−490 −587	−582 −622	−572 −635	−595 −692	−727 −767	−717 −780	−740 −837	−907 −947	−897 −960	−920 −1 017	−1 087 −1 127	−1 077 −1 140	−1 100 −1 197
−517 −580	−540 −637	−647 −687	−637 −700	−660 −757	−807 −847	−797 −860	−820 −917	−987 −1 027	−977 −1 040	−1 000 −1 097	−1 237 −1 277	−1 277 −1 290	−1 250 −1 347

参考文献

[1] 贺天柱.公差配合与测量技术[M].北京:机械工业出版社,2010.

[2] 文海滨.极限配合与技术测量[M].北京:北京理工大学出版社,2009.

[3] 杨昌义.极限配合与技术测量基础[M].北京:中国劳动社会保障出版社,2007.

[4] 胡荆生.公差配合与技术测量基础[M].北京:中国劳动社会保障出版社,2000.

[5] 杨小刚,张红.公差配合与技术测量[M].重庆:西南师范大学出版社,2010.